所谓“敌人”，只是立场不同的朋友

职场上化敌为友的艺术

梅台生 著

北京理工大学出版社
BEIJING INSTITUTE OF TECHNOLOGY PRESS

图书在版编目（CIP）数据

所谓“敌人”，只是立场不同的朋友：职场上化敌为友的艺术 / 梅台生著. — 北京：北京理工大学出版社，2016.8

ISBN 978-7-5682-2188-7

Ⅰ. ①所… Ⅱ. ①梅… Ⅲ. ①成功心理－通俗读物②人际关系学－通俗读物 Ⅳ. ①B848.4-49②C912.1-49

中国版本图书馆CIP数据核字（2016）第080794号

出版发行 / 北京理工大学出版社有限责任公司
社　　址 / 北京市海淀区中关村南大街 5 号
邮　　编 / 100081
电　　话 / (010) 68914775（总编室）
(010) 82562903（教材售后服务热线）
(010) 68948351（其他图书服务热线）
网　　址 / http: //www.bitpress.com.cn
经　　销 / 全国各地新华书店
印　　刷 / 三河市九洲财鑫印刷有限公司
开　　本 / 700 毫米 × 1000 毫米　1/16
印　　张 / 15.25
字　　数 / 183千字
版　　次 / 2016 年 8 月第 1 版　2016 年 8 月第 1 次印刷
定　　价 / 32.00元

责任编辑 / 李慧智
文案编辑 / 李慧智
责任校对 / 周瑞红
责任印制 / 边心超

妈妈序

希望台生走出新的灿烂人生

前台北市立慢性病防治院人事主任

前台北市立大安高工人事主任

当我听到台生希望我为他的人生第一本书写序时，我又惊又喜。

惊的是他还在病中治疗，喜的是他的愿望终于能够完成。

身为一个母亲为亲爱的儿子写序，我认为是无上的光荣。我担任过公职30余年，现已退休，曾负责人事行政的工作，主要包含选、训、运、用、留的管理层面。所以我想要用深入浅出的人事资深工作者的角度来分享这本书。

一、首先这本书的架构完整，以职场的生命周期为主轴，从导入期、成长期、成熟期一直谈到衰退期。

二、这本书脉络分明，大量使用范例和故事或事实来辅助理论的说明。

三、这本书的目标明确。其阅读范围，从职场新鲜人、基层主管、中坚主管到高级主管都合适。

四、这本书的精华是重视实用方法以及工具的教导与使用。我们学习一种新学问时，通常除了内功的锻炼，还需要招式（也就是方法）和武器（也就是工具），所以这本书的范围很广。

我想台生的第一本书应该是想抛砖引玉，让更多的读者能分享台生的工作经验与理念，然后读者们可以给台生更多的建议，让台生的第二本书能够更针对读者的需求，写成为读者量身定做的新著作。

最后我愿意给台生更大的鼓励，虽然写书是他一生极大的兴趣，但是身体还是要顾。尤其今年9月小化疗的疗程结束后，希望台生也能走出他新的灿烂人生。

台生加油！

妈妈祝福你

推荐序 1

受教了！职场 11 堂课

如果您是社会新人，这是一本职涯缩影，让您了解未来职涯的路如何展开。

如果您是企业好主管，这是一本武功秘籍，让您了解遇到团队困境时如何突破。

如果您已为人父母，这是一本您可以跟子女们讨论职涯的参考资料。

梅老师是企管顾问业的翘楚，实务经验丰富，担任过多家外资企业总经理职务，也为数百家企业的朋友传道授业解惑，他有丰富的经验并且妙语如珠，是位口碑极佳、声名远播的名师。

感谢梅老师邀请为本书写序，真是荣幸之至！

这本书是梅老师累积了近 30 年职涯经验的第一本著作，尽管牛刀小试，但已颇让人惊艳，内容字字珠玑，总共 11 个章节，仔细看完等同上了 11 堂课，受教！受教！尤其是有关积极正向的心态部分，不仅在工作领域受用，在面临人生课题时也非常受用。文中还有很多实际案例分享，不愧是名师，仍保有名师授课分享的习性！本书内容颇长，建议读者可依章节分次阅读，细细思量，融会贯通，相信对于职涯发展必然有所助益。

梅老师近年来深受鼻咽癌之苦，病中仍不忘著书的志愿，写下个人心得，可谓用心良苦！这等正向积极的心态，更让人敬佩！本书是第一本，后续还有好戏可看，读者敬请期待！

祝福梅老师健康愉快！读者受益良多！

华德士顾问股份有限公司总经理

华月娟

推荐序 2

从人求事到事求人，这样想！

我与台生有着过去非常多的相同记忆：同校同学、同样军旅生活与相同工作职场的际遇。我们都是大安国中、延平高中的学生，毕业后，各自考上不同的大学，各奔前程，也完全没有联系。

踏入社会 10 多年后，在我工作的摩托罗拉电子股份有限公司内，我遇见了台生。那时我担任传呼机事业部总经理，而台生是负责无线电的销售经理。后来台生成立了他自己的顾问公司，而我则就读英国莱斯特大学的 EMBA 在台北设立的分校（地址设于文化大学城区部）。某次，在文化大学城区部的楼梯间巧遇了台生。我是莱斯特的 EMBA 学生，而他是来文化大学当讲师的。后来又得知我们当兵又都是海军陆战队，真是有太多巧合了。

在职场上，我与台生一样执着，希望给父母亲与太太孩子更好的生活环境，我不断地努力赚钱与奋发向上，也非常赞同台生所比拟的起承转合的职涯的 4 个生命周期。

现在是人求事的年代，薪资水平通常是按照公司的规定。

找到一个自己喜欢的工作并不难，但是你喜欢的工作不见得对于你未来的职涯真的有发展性，因为大部分的人是有惰性的，喜欢安定。我认为，找到一个能让自己有所发展的机会是不容易的。很多年轻朋友的憧憬是能找到事少钱多离家近、位高权重责任轻的工作，但那是较不切实际的，除非你有非常好的家庭背景与富爸爸。以我们一般常人来说，同时，也是以我工作 30 年的经验来看，凡事都要从基础做起。

一位企管系毕业的年轻朋友要从事企划的工作，但只是用学来的理论套在实务上是行不通的。所以，企划人员如果本身没有在市场上打过仗，又如何能运筹帷幄呢？

很多人以为我只要拿到最后那一张高学历的文凭，就可以通行无阻，那就大错特错了，文凭是你能力的辅助，而不是万灵丹，但是，当你因为能力强而鹤立鸡群的时候，文凭就能让你锦上添花。

滚石不生苔，如果只为了追求高薪，不停地跳槽，却未能在现在的工作中崭露头角，成为业界的专家或精英分子，那一切只是短暂的收入罢了！一般大型公司任用人才时，是不会轻易录取时常换工作的候选人的，因为这样的人不确定性因素太高，用人单位会有很多的顾虑。在职场中，培训是很重要的一环，而培训通常需要投入很多财力，所以公司会投资在有潜力又稳定的员工身上。

对于进入职场有一段时间的朋友们，我想说的是，勇敢接受挑战吧！当公司需要投入一个新事业，又需要老员工的协助时，请不要忘记这是一个承担的机会，也是一个公司花钱让你去历练的机会。越是新的事业，其爆发力越强，你可以学到别人学不到的东西。无论是新的责任、职能，还是新的人际关系、跨部门的协调，都会加入到你的工作履历之中。如果你能在新事业上做出辉煌的成绩，并得到业界的认可，那么你即将被猎头公司当成猎物，接下来，就变成“事求人”了，薪资水平就可以谈了。

所以，我常告诉年轻人：想清楚，到底，你是要短暂的快乐，还是长期、稳定的高收入与职业发展?

台生的适应力很强，他不会让自己只停留在一个固定的行业，他一直乐于不断地接受新的挑战，并同时找到自己喜爱的事业，这一点我与台生有共通性。我们都愿意接受新的挑战并努力工作，我从一开始进入的IT产业到电话秘书服务业，再转入当时高科技的传呼与行动通讯产业，到现在从事的健康与彩妆的多重传销事业，每件工作都很辛苦，但我们没有刻意挑工作，而是选择对自己有利与有所发展的事业机会。

失败的人找理由，成功的人找方法，希望年轻朋友们能放下身段多接受挑战。

现职台湾永久产品公司外蒙分公司执行董事

前摩托罗拉电子股份有限公司台湾区董事长暨总裁，行动通讯事业部总经理

萧承统

自序

无论在哪里时时都要懂得感恩

我生长在二十世纪六十年代，一个父母都是公务人员的家庭。

小时候我的家庭并不富裕，当然也不是清贫家庭，简单说，我就是一个平凡家庭出身的平凡人，面对着和大部分人一样的种种职场问题，也因此，以我的成长背景来作为现代职场人的写照非常贴切。

对于父母的教养，我一直是很感念的。父母的恩德很大，每个人都要一生对父母尽孝，而父母也影响每个人的成长。我的父母出身公务人员，在二十世纪六十年代，公务人员的收入并不高，他们要养家也是很辛苦的，然而不论多苦，他们对于孩子的家庭教育和学习教育是绝不敢放松的。虽然父母赚的薪水不多，但是在孩子学习方面的支出他们都不会吝啬，所以我也一路很平安地从小学、初中、高中到大学，平顺地念上去。在大学时期，虽然没有很用功地念书，但学业也还过得去。然而我的父母衡量当时社会，觉得光靠大学学历，在这社会上仍是不够的，这也就是为什么后来我服完兵役，飞到美国去完成我的硕士学位的原因。

从这段家庭教育到学校教育的过程中，我真正感受到父母带给我的教育都是非常正面的。父母也很少用打骂及惩罚的方式来教育孩子，而是用苦口婆心的方式与我们小孩子进行沟通。在家中我身为长子，印象最深刻的就是爸爸常常鼓励我，他告诉我长兄如父，如果哪一天父亲不在了，我要能够把这个家撑起来。所以我在一路成长的过程中，都觉得压力很大，这压力不只来自父亲对我的期望，也来自学业上。后来进入职场后，工作上也有很多的压力，所以我希望通过这本书，能够把当年父母对我的爱的教育，将那种精神转化成给职场朋友的鼓励；将当年我受教育所得到的感恩，转化成给职场朋友的分享。由于我曾在不同类型的公司工作过，每一家公司都有不同的企业文化，所以我能够用更宏观的角度，来统合职场生存学。

所以这是一本存着感恩之情的书，而不是死板板的职场格斗教材。当然，我们知道职场是现实的，但无论处在怎样黑暗诡谲的职业环境中，我们都不要失去本心，不要失去感恩的心。就如同电影《饥饿游戏》中的男女主角经历过种种人性黑暗面的竞争，最后他们胜出的关键还是因为有爱。

我的计划是出一系列职场方面的书，黑暗面一定会写，但整个态度是正面积极的。本书作为整个系列的第一本书，先阐述职场打拼的各种基础观念，至于更深度的各类实战细节，将留待以后继续阐述。我们常常听到一句话："做事简单做人难"，我这本书的方向就是先要求"学会做人"，接下来再谈如何能够把"事情做好"。

最后我要说，无论处在何种行业，我们都要懂得感恩。

感恩您的上司，感恩你的同事，感恩你的前辈，也感恩你的竞争者。

在此，我要特别感谢我的父母，他们给予我成长时期的温暖以及基础教育。进入职场后，虽然父母因为是公务人员背景，不能指导我商战的实务，但他们幼年时教我的基本的做人道理，是无论何时何地都适用的。他们让我学会与人分享，让我懂得为社会做贡献，因此本书也是我的一种真诚分享与贡献。我们常常听到，进入职场“短期要能求生存，长期才有办法求成功”。希望这本书能够引领处在人生各阶段的职场人，求生存也求成功。

以上是在进入这本书之前，我简单地介绍了为何会写这本书，也希望这样的想法和理念，读者诸君可以认同。

希望读者们会喜欢这本书，谢谢大家。

前言

上天给我的使命

我想，不管是任何人，在他的生命中，都曾经碰到大起大落的事情。

也许是事业上的重大挫败或提升，也许理财投资阴沟里翻船或幸运买到宝，也许是家庭与感情方面的分分合合问题。这些大起大落的事情，有些改变了他们的想法，有些改变了他们的做法。

以我来讲，我在职场工作二十多年，很快就要满二十五年，甚至做到三十年一直做到退休都没问题。我在经营管理和人才培训领域有一定的好评，几十年来也服务过许多重量级客户，有口皆碑。展望未来，我有着热血与雄心壮志，要年复一年为社会做出贡献。

但我完全没想到，海军陆战队出身，体格非常强健的我，竟然得了癌症。

我记得那天在医院做完检查，医师告诉我，说我罹患了鼻咽癌，并且已经是末期，存活率只有百分之六十，我当时震惊到没有话说。过往不论我有多少成就，内心有多少宏伟蓝图，在那一刻，我只是个在命运面前感到措手不及的病人。罹癌这件事从来没有出现在我的人生数据库里，现在我不但不幸“中奖”，而且还是头奖，得的是末期癌症。

我曾经想知道是否有让人不痛苦的办法，因为肿瘤真的很疼痛，但我必须面对生活的每一个明天。在将近10个月的治疗过程中，我配合医院做了放射线治疗以及化疗。曾经每天忙碌的我，被这突发事件逼得只能待在病房，我也因此有足够的时间，可以好好思考人生的各个方面以及生命的意义。

坦白说，我也感谢上天给我这样机会，可以让自己从繁忙中走出来，让我有时间能够思考自己、检讨自己、看见自己。

于是，诞生了这本书。可以说，这是上天给我的使命，让我和大家分享这本书的内容。

过往我不断地工作以及通过课程做经验分享，但我不曾将这些智慧以文字做成纪录，以书本来传承我那些宝贵的人生经验。有关职场的种种思维，对于生涯成长相关的主题，以及那些对各年龄层职场人都有助益、我花了很多工夫建立的重要观念，我趁这段时间好好地做了整理。我要借着这本书，跟爱护我的生命中有缘的人们，不管是我的同事、我的学生，还是我的朋友，共同来分享我的这些想法。

最重要的是对生命重新的体认。正常来说，我们每个人有将近25年到30年的时间，都是在职场上打拼。不论男女，大家都要养家糊口，同时对社会做奉献，做个有价值的人。所以我的第一本书，我想了很久，我决定把分享的方向放在职场生涯规划上。

不管您是刚进入职场，还是职场里的中坚主管，抑或是高级主管即将准备退休，我希望这本书除了分享我的想法外，也能够提供给你一些具体方法。

目录

第2章　职场必备的14项生存能力

第8章　主管学，大不易

第9章　追求一山还有一山高

第 10 章　开创生命更多的可能

第 11 章　无可取代的人生智慧

总结

绪章

比打败对手更重要的事——感恩

生命的课题，不是一加一等于二或者“地球绕着太阳转”这样的简单知识；生命的课题，没有一本标准答案手册可以让你翻阅。那是种体悟，那是种觉今是而昨非的内心醍醐灌顶。有的人就算活到六七十岁，还是没有智慧；有的人可能青壮年就有了深刻的人生体悟。

认识职业生涯的4个生命周期

每个人的人生都不一样，每个人的人生也无法复制。

但你却又经常会在不同的人生阶段里，碰到类似的遭遇。好比说考场吧，每个人或多或少从学生时代起都会经过许多考试，不论是哪种考试，是学校甄试段考、考驾照，还是大企业的征才考试，在考场上，总是会听到两种相似的话。在考前会听到：“怎么办，我怕我会考不好。”在考后会听到：“早知道，我就多研读那一科。”前者的态度，叫作担心；后者的态度，叫作后悔。

人生总是由担心与后悔交织而成，一再地重复

担心是因为对未来的不确定，后悔则是对过去的不认可。希望这本书能够有助于你对未来的职场多一点儿确定，也多一点儿准备，当经历后，也就少一点儿后悔。

每个人都有梦想，每个人也都有过年少轻狂——认为天下就等自己来征服的豪气。但就如那句知名的广告词所说的："幻灭是成长的开始。"站在职场的迢迢路上，我可以以过来人的身份告诉你，不论你从事的是什么行业，你的职业生涯一定会经历以下四个生命周期：

起：踏入人生的起点

职场不是逛百货公司，看到喜欢的就可下手。

职场比百货公司要复杂一万倍，对职场新人来说，并不是"只要我喜欢，就可以定下来"。大部分时候，我们每个人人生中的第一份工作，都不是最终做到退休的那份工作。

最初找工作时，不是你相中什么公司，那家公司就要你。每年报纸都会做一个年轻人找工作时想去的十大公司排行，但喜欢归喜欢，真正的职位空缺就只有那么多。一旦进入某家"不是最爱但还可以接受"的公司，你马上又会碰到种种新的挑战、新的冲突，这中间包含了许多失落以及更多的挫折感。碰到不得不适应的状况，职场新人唯有选择努力去调适自己。所以我说，职业生涯的一开始，是无奈。

我的第一份工作是在一个捐血协会担任课长，当时我刚从美国念完企管硕士学位回来，我怀着满腔热血，想把我的专业知识发挥到淋漓尽致。结果我的确接触到"热血"了，但我的工作和我原本所学的企管专业没太多相关，反倒比较偏向计算机方面的技能，我的职责是做搜集整理分类。

必须承认，我在从事第一个工作时，内心不是那么快乐。除了学非所用外，我也碰到了很多挫败。而我相信这也是大部分刚入社会的职场新人会遭遇的情况。

你或许感到茫然，或许感到愤慨，这些情绪都是正常的。但重点是，接下来你该怎么做。有很多年轻人一味地抱怨工作，让自己变成了愤青；还有人选择不断换工作，印证了人家说草莓族[①]没定性的说法，让自己变成了游牧民族，这两种态度都是不对的。

处在职业生涯的起点时，最重要的是学习

人生这所大学，学问是非常深奥的，而其中各种精妙之处，都要靠自己摸索。当我们踏入一家新公司，就正式启动了这样的学习历程。年轻人什么都要学，第一份工作不仅可以使我们的专业知识从理论变成实务，更重要的是可以学习做人的技巧，学习如何与同事相处，了解组织伦理，以及更多学校课本中绝对学不到的知识。当处在职业生涯新起点时，请关闭一切怨怼的思维。让自己在无奈中，学会接受，不断学习。所以我说，人生的这一阶段，是从无奈到接受。

承：历练稳健的经验

有时候工作就跟男女谈恋爱一样，当两情相悦时，员工和公司就会有一段甜蜜时光。但如同男女朋友可能会吵架一样，公司和员工间也时常会有冲突。

① 草莓族多用来形容1981年后出生的年轻人像草莓一样，尽管表面上看起来光鲜亮丽，但却承受不了挫折，一碰即烂。他们不善于团队合作，主动性及积极性均较上一代差。职场上的“草莓族”最大的特色之一，就是工作往往没什么定性，只要有更好玩的工作，或是较高的薪水，就会见异思迁。

一个新人，特别是在初入职场的前 5 年，转换跑道是难免的，在这过程中，会逐步找出一些职场的规则，也有了初级的历练，但整体个性仍不成熟，找工作时还是“既期待又害怕受伤害”。相对地，各大企业也在人才的传承交替中，为人才的培育烦忧。

在职场上，公司总是担忧找不到“对的人”，员工更是常会担忧“公司不喜欢我”。双方都有担忧，就会带来不愉快，谁都没有办法保证你上班就一定愉快，重点在于如何让自己在挫折中成长，找出自己和公司运作契合的韵律。

当年我离开捐血运动协会之后，去了德商黛安芬内衣公司担任业务主任，当时我不只负责台北市的百货公司的业务，还要扛下其他通路的业绩压力。身为业务主任的我，有三大管理领域要负责：第一是业绩管理，我是业务部主管，当然要对公司的业绩负责；第二是人员管理，当时我麾下有七十几个销售人员，奖惩考核由我负责；第三是产品管理，做业务要懂产品，责任区各销售据点的进销存我也要负责。每个责任都是一种压力，而不同的压力重重交叠，在适应期时，的确会感到忧虑。以人员管理来说，我该如何与所有的销售人员互动，我要扮演好主管的角色，又要扮演好朋友的角色，有时也需要扮演好哥哥的角色，这中间涉及赏罚，如何做到公私分明，如何在进行惩罚后继续后续的领导。还有产品管理，我当时是个女性用品门外汉，自己都不懂产品，如何跟客户做介绍呢？这些当时对我来说都是严峻的挑战。

所以，我起初是充满烦恼的，但我突破了挑战，将自己提升到了一个新的境界。就好像武侠小说里的辛苦练功，神功大成那一刻的欢喜是难以言喻的。所有的职场人，一定也经历过像我这样的工作挑战，以及突破的过程。问题在于有人找到方法，克服挑战，提升层级，有人却被困难打败，选择逃避或者困守原点。

职场上没有一开始就舒适的道路

只有面对问题，解决问题，让自己从忧虑变成欢喜，才能在职场中立于不败之地。我要告诉各位朋友，职场上所有舒适的道路都在困难的后面，超越困难才有坦途，也才能从工作中得到乐趣。

转：建立平衡的人生

在职场上奋斗了 10 年、15 年，当初的年轻人，如今各有不同的际遇。有的变成公司里叱咤风云的一级经理人，有的选择创业走出人生的另一条路，也有许多人继续过着浑浑噩噩、怨叹连连的人生。这个时期，说人生已经拍板定案倒言之过早，但如果不积极做转化提升，那职业生涯所剩的时间的确不多了。

在这人生“转”的时刻里，很多人都闯入一种迷思——他们忘了生命中除了事业外还有其他的重要元素，比如家庭、比如健康，比如一个人在世上的品德风范。于是，有的人把工作当作人生唯一的焦点，拼命工作，往上晋升，却疏于照顾自己的家庭，而当家庭不幸破裂时，他下班后找不到温暖，更是一头投入工作中，这样就变成恶性循环。或者有的人有了些财富后，就沉迷于灯红酒绿，迷失了自我，最后弄得身败名裂。亦有人为了赚钱，不顾道德，以身试法，信用破产，断送了原本大好的前程。而我本身则是另一种例子，我是在忙碌的工作中疏忽了自己的健康。随着我的工作资历越深，我的职位也越高。我是个有旺盛企图心的有志职人，想通过追求更有挑战性的职位来获得更高的薪水。我非常执着，我把这种执着解释为认真打拼的台湾人精神，我以前每天就是工作、工作、工作，真的可以说工作就是我的第二生命，到现在我没有子女，主要原因也是我把时间都花在了工作上。

要不是上天看我冥顽不灵，降下癌症在我身上，我可能会一直这样下去，不懂得生命的平衡。现在我当然已经知道，人生中各环节都要照顾好，工作重要，但家人、健康以及生活本身也同样重要。现在的我，已经放下了对工作的执着。选择放下，让我可以更好地感受生活。

处在职场打拼阶段的你们，大部分都是生龙活虎的健康职场人。但我要请各位切记，人生要适时地踩刹车。你牺牲许多个晚上多谈成一个案子，换不回儿女心中你原本慈爱的形象；你熬夜赶工获得了老板赞赏的眼光，却换不回那每况愈下的身体状况。

如果你把工作看成工作，那这份工作一定做不了多久；如果你把工作看成是娱乐，你就会很喜欢这份工作。但同其他娱乐一样，我们也不该沉迷其中。人生本阶段的第一要务就是学会如何从执着到放下。

因为癌症，我学会如何放下

这是我人生的一大功课，我诚心希望读者以我为戒。面对职场的种种纷争，很多事情你必须学会放下，唯有放下，才能让人的内心获得真正的平静。不要等到病魔缠身，才知道一切的争夺都是徒劳无功的；不要等到躺在病床上，才明白赚钱给医生是何等的傻！我现在最大的期许，是先照顾好自己的身体，战胜病魔，重新面对人生。而在我重生的路上，我要记取这些用生命换来的宝贵教训，多一点儿关爱给家人，多一点儿温馨给世界。

合：感知无悔的生涯

最后，我们终究会走到人生的一个回首点，就好像长途健行后，你会回首原来我们已经走了那么长一段路。在某个时间点，你一定会坐下来细细品味你的人生。多数人是在老年退休时，于自家的庭院里回首从前。如果当时的你儿孙满堂，心满意足，那非常恭喜你，有个快乐的人生。但更多人的回首是带着遗憾的，甚至像我，是在遇到重病打击时于医院里才有机会回首。此时的我，还在人生壮年，却必须躺在医院里和病魔搏斗。

若问我，当一个人躺在病床上，不用再日理万机时，我在想什么。我要告诉你，闭上眼我觉得自己似乎坐在一辆人生特快车上，望着窗外的景致一幕幕过去，很多人生往事历历在目。直到此时，我才有机会反省自己。在我过往的人生中，我曾有过两段婚姻，也经历过几次外遇，我必须承认我的人生犯了很多错误，伤了身边亲爱的人。我感到难过，在医院里忍不住失声痛哭，我觉得对不起我的两任妻子，也对不起很多关心我、爱护我的人。

人生是残酷的，也是公平的，我跟所有人一样一天拥有24小时，一年拥有365天。那些过去的日子，已无法再回头。经过内心的苦痛、懊悔后，我终于明白一件事，对于追不回的过往，再怎么难过都无济于事，我必须学会淡忘。人生的重点，永远都要放在未来。虽然我可能永远无法弥补那些曾经被我伤害的人，但至少这样的苦痛让我记住一个教训：永远不要被同一块石头绊倒第二次。现在的你，也许已经年过60，准备退休，但现代医疗在进步，人的寿命会更长，未来还有许多时光，即便60岁的人也要好好做生涯规划。也许你还处在人生中壮年，那记得以我为鉴，趁还来得及的时候，好好回头看看自己珍爱的家人，他们还在你的身旁，请你好好珍惜。也许你的人生犯下不同的错，现在正处在懊恼的心境，那也请你将悲伤止于此刻，人生永远有各种的可能。不论任何年纪，都可以让自己过出美丽的人生。

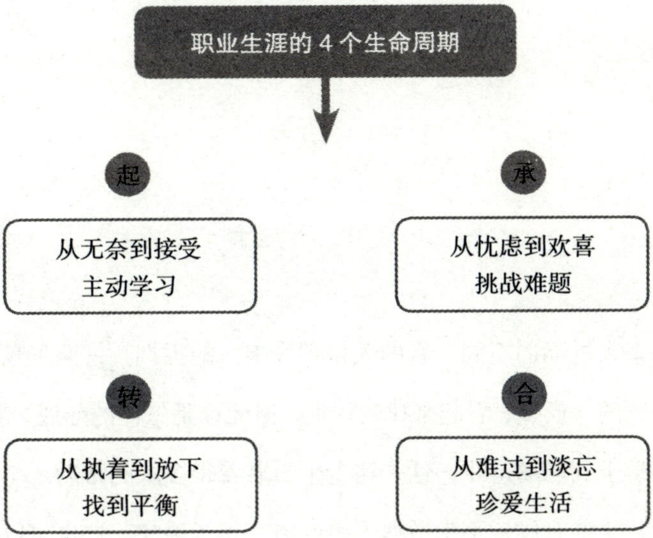

人生的基本态度

或许每个人的际遇不同，有的人得到许多人的提携，一路平顺；有的人靠自己摸索跌倒的时候多，看起来比较坎坷。但无论是怎样的际遇，都不要忘了，我们从莘莘学子到职场奋斗，这一路走来，靠着很多人的帮助。

我在中壮年的时候，不幸遭遇人生困境，得了癌症。这也可以让我有这段暂离职场对生命好好反思的日子。当我躺在病房里，生命交给专业医护人员来救治时，我学习到：人生有比力争上游、打败对手还要重要的事，那就是惜福和感恩。

我在医院里，常常看到很多人被抬进来，很多人被抬出去。你以为这些被抬进来的人，当初会有“心理准备”吗？就像考试前，可以事先复习什么科目、随身携带什么文具吗？不，他们多数都没有准备。有的前一秒还意气风发正筹备一个计划，下一秒就天旋地转倒在地上，这样的事不会只发生在老年人身上，中年人、青年人、男女老幼，都可能遇上命运的突袭。因此，有些事不能等。

其中最重要的一件事，就是感谢父母，感谢身边的人。

我今天很顺利地完成了癌症疗程，可以离开病房，在经过了生死玄关后，更让我体认到，人生要如何懂得惜福和感恩。我在网络上曾读到有三句话，给我的开导很大，所以我把这三句话当成我的人生座右铭，也希望和爱护我的读者们一起分享。

从知福中培养感恩

人生每一刻的存在都是一种福气。

今天，你可以身在社会治安及经济良好的台湾，而不是贫苦无依的非洲，或者战火纷乱的中东，这是不是一种福？

今天，你可以完成你的学业，就算学历不高也习得一些生活技能，让你可以面对人生挑战，这是不是一种福？

在人生的转折点上，也许是朋友的一声鼓励，也许是长辈的一句关怀，让你可以继续往正确的方向走，这是不是一种福？

每个人在人生历程中，都曾经受到过许多人的帮助，有来自亲人、朋友的帮助，也有来自陌生人的帮助，我们应该对他们充满感恩。我在此也要表达我的感恩，感谢上天给我机会得了癌症，让我重新思考人生，感谢上天让我从癌症中活了下来。

我更要感谢生养我的父母，陪伴我走过一段人生、给我留下许多快乐回忆的前妻，分享我生命种种的家人，一路为我打气的好朋友，还有支持我、肯定我的职场各阶段的领导，以及参与我课程的学生和客户们。我要感恩的对象有很多，但在此我想问：这是我的感恩，那读者你们的呢？你们应该也有感恩的对象，何不表达出来？千万不要有“等将来再说”的想法。

从惜福中培养关怀

一个人唯有认真反思自己，才可以真正地感恩惜福；唯有真正地感恩惜福，才可以将这样的爱发散出去，变成更大的社会力量。

在医院的那段日子里，我看到有许多人被抬进来之后又被抬回家去，并不是因为他们的病治疗好了，而是因为很多的病人付不起医药费。他们得了癌症，不是住院接受医护人员的治疗，而是得买药回去自己注射。

我看到后觉得很伤感，我希望我可以为他们做一点儿事。于是我发愿，将来我要成立一个梅台生癌症协会，让我有机会去帮助这些得了癌症但却没有足够金钱治疗的朋友，让我可以学习从小爱变成大爱。

这件事需要细致地规划，也需要资金，更需要我做这件事的体力。但最重要的是，我将这件事变成心愿，我想去关怀他人，这是比较大的志愿。其实很多的关怀，是随手可做的，例如对身边朋友付出关心，在忙碌之余参加公益活动，在不同领域散播爱心……这些都是人人可以做到的。

或许有人问，对人关怀，这样的事和职业生涯发展有关吗？我要说，也许“关怀”本身和职场没有直接关系，但肯定和你的人格有关；而有好的人格，才能有好的职业生涯，这绝对是息息相关的。

从造福中培养智慧

从小到大，我的成绩都很优秀，我有高学历，也在职场上挥洒专业，成就了名声。我很博学，有知识，但我很有智慧吗？从前的我，或许自以为我很有智慧，但经历过生死交关的事后，我觉得人生真的学无止境，我们自以为很懂，其实什么都不懂！

生命的课题，不是一加一等于二或者“地球绕着太阳转”这样的简单知识；生命的课题，没有一本标准答案手册可以让你翻阅。那是种体悟，那是种觉今是而昨非的内心醍醐灌顶。有的人就算活到六七十岁，还是没有智慧；有的人可能青壮年就有了深刻的人生体悟。

关键在于你活着有没有用心。人要学着去造福，学着去让生命展现多样的可能，那样你就会体悟到许多人生智慧。这是我在分享职业生涯心得之前，要和大家一起分享的心里话。接下来，就让我们进入职业生涯的正题。

第1章
敌人是立场不同的朋友

如果一个人没有团队精神，就算能力再强，公司也不会录用。因为团队精神是职场伦理很重要的一部分。我要顺便说一下：职场上没有永远的敌人，却有永远的朋友，职场上的敌人往往是立场不同的朋友。要多交朋友少树立敌人，甚至要将敌人视为可敬的对手，最好能当成朋友，这样在职场你就能“无敌”了。

如何被职场接纳

任何人都要工作，工作对大部分人来说是维持家庭生计的必须，是大环境社会分工人人需尽责的一环，也是一种自我价值的实现。生命中有大半的时间，我们都是在工作。

电影《星际大战》里有句知名的台词：Every generation has a legend. Every journey has a first step. Every saga has a beginning. 即每个世代都有传奇，每一个旅程都有踏出的第一步，而每个传奇也都有一个开始。我们每个人的生涯都是一场传奇，只是你要怎么开始？

任何事情，要找到好的答案，首先要问对问题。今天所有在职场路上感到惶恐的人，内心里一定有很多问题，想要找到理想工作，却又不知如何着手。其实，想要解决这个问题，最好的方法就是问问自己：假定你是这家企业的人事主管，你会对应征者问什么问题？答案明显可见，当一个人事主管要招聘一个人进来，要问的就是两件事。企业征才看的基本要求，就是“能力”与“态度”。

你的能力是否符合公司需求

能力有三重境界：

第一，你现在或许能力有限，但你有潜力，可在经过一定训练后，长期为公司做出贡献。

第二，你不只有基本本职能力，你还有多重能力。这是上上之选。

第三，你现在一进公司，就可以立刻发挥专长，为公司做出贡献。具体言之，就是你一进公司立刻可帮公司赚钱，或帮公司解决问题。

简单来说，公司聘请你来，你可不可以把工作做好，这是公司征才基本的需要。至于有哪些专业能力是公司需要的？我将在下一段“职场人的六大职能”做介绍。

你的态度是否符合公司需求

大部分的工作不是单靠个人，往往需要一个团队才能完成任务。

就算是会计或者管理员这种单人一个部门的工作，也要懂得和全公司的经营理念及营运方针配合。

如果一个人，他的团队精神很差，既不懂得尊敬主管又常得罪顾客，那就算他能力再强，公司也不能用他。毕竟，现代社会学有专长的人很多，除非你的所学很冷门，非你不行，否则，公司都宁愿聘用既有能力又尊重公司理念的人。

如果你是学生或者是刚进入社会的新人，想要应对未来的职场挑战，需要做什么准备呢？能力和态度是必备的。能力就是你现在在学校所学的技能，你一定要用心学习，不要抱着念大学就是玩四年的心态；态度在学校也可以培养，例如多参加社团活动，学习与人共事的技巧，这在未来的履历表上，一定可以为你加分。

以我在职场打拼多年的经验来看，学历还是很重要的！虽然职场上很多人高喊学历无用论，现实生活中，也有很多小学毕业就创业成功当老板的例子。然而那些毕竟是一些特殊案例，一般来说，职场用人还是很重视学历的。所以，高职、大学、研究生，不同学历的职场新人，起薪不同，是有根本依据的。

也许你的能力很强，做人做事的态度人人赞赏。可惜，对任何一家企业的面试官来说，你和其他千万个应征者一样都是个陌生人。人人面试都会说自己的优点，但面试官无法在第一眼就看出你是块碧玉。

所以，如果你想在职场上比别人跑得快，想进知名的大企业，想获得较高的起薪，学历很重要。当年我从美国念完企研所回台湾，就立刻有主管的空缺让我担任，我想若没有我的学历背景，这绝不可能的！所以我奉劝还在学习的年轻人，要守住你的工作敲门砖，勤奋学习，你的每一分用功，都可以改变你未来的人生。

职场人的六大职能

这世界上的各行各业，维持着我们的生活正常运作，构成了你我的经济生活圈。而“职业无贵贱，行行出状元”，从事各领域的工作，都可以出人头地。一个企业在面试新人时，需要发现他的专长领域，而他的专长一定不出以下所列的六大职能：

产	**生产制造** ●制造业里的生产部门； ●农渔牧产业工作者； ●工匠技师； ●艺术家、作家等产出“原生作品”者； ●“服务”也是一种产出，各式服务业，提供“原生服务”。 基本上，和创造、生产、制造任何产品有关的都属于此类

销	**营销业务** ●企业里的营销业务部门； ●经销、营销、公关活动； ●媒体，或任何传播消息的行业； ●教育工作者及讲师，及任何传播理念知识的行业； ●文宣工作者。 基本上，将原生产品推广、宣传、销售出去都属于此类
人	**人力资源** ●企业里的人事行政管理部门； ●人力中介、人力银行； ●人才培训、职训工作者； ●为个人服务的行业，律师、医师等； ●和个人辅导有关的行业，如心理分析、潜能开发等。 基本上，将主力放在“人的本身”相关的工作都属于此类
发	**研究发展** ●企业里的研究发展部门； ●科学家、天文学家、自然学家； ●考古学家、学术研究机构等； ●研究发展政策、规章的政府部门； ●关心、研究地方心声的议员、民意代表等； ●记者及田野调查作家和社会工作者。 基本上，将主力放在“研究发现”相关的工作都属于此类
财	**财务会计** ●企业里的财务会计部门； ●银行从业人员； ●保险、股市、期货、房地产等从业人员； ●理财规划师、理财讲师、分析师； ●以投资为主的工作者。 基本上，和“财务管理”相关，如金钱保管应用等有关的都属于此类

资

计算机信息

●企业里的信息管理部门；
●计算机软硬件工程师；
●网络工作者、网站及社群经营者；
●行动通讯业者；
●和高科技应用相关的产业工作者。

基本上，和计算机电子网络等相关的专业都属于此类

这里要强调两个观念：

第一，任何一个职位，可能不只包含一种职能。

例如，记者，需要搜集整理重新编辑资料，算是一种“研发”，但也要将一个讯息传播给全国，那就属于“销售”。再例如，教授，要针对专业领域做研发，也要做生产（产出的是第一手的学说及教材），但其传道授业的过程，又属于“营销”的领域。

第二，任何一个人，其职能不仅局限于一种。

在一家公司里，做到高级主管的人，通常本身既负责业务营销，又负责人才培训。而一个专业部门主管的提升，比如会计专员升任财务部经理，或者信息专员升任资管部主任，就要在原本专业的“财务”“信息”领域外，还兼任人才管理，有可能还要协助人力部门进行人员的面试以及新人的培训。

基本上，一个人若只专注于一项职能，虽不影响未来的成就，例如专职研发的可能得到诺贝尔奖，专业画家变成知名人物等。但只会一项职能较易受制于人。例如，只会生产东西，却不会营销的人，要依赖业务才能生存；一个业

务能力强的老板，也可能因不懂财务而遇人不淑损失金钱。

任何一个职场人，最好做到：拥有至少一项以上的专长职能。

我们经常在职场上听到有人说：“我担心我没有一技之长。”基本上任何人都可以属于六大职能中的至少一项，重点在于：你有多专业。一般职场人真正担心的不是他“什么都不会”，而是“什么都会，但都只会一点儿”。

我们可以看到，职场上对人才的需求以及薪水的标准，与专长职能的多寡有关。当一个职位，需要不止一种职能时，其薪水一定比普通的职位高。比如，主管为何领的薪水比职员高？主要原因不是因为主管的资历深，而在于主管已是多职能的人。有些行业需要较高的专业技能，其认定标准便是需要取得“认证”或者严格的评比。比如学校的教授，需经过学术界层层的关卡，取得学位以及教授资格。医师、律师等职业，需要执照，并且执照并不容易取得。相对来说，有些执照或资格取得较易，例如司机，或者摆摊位的经营租约。而取得这些执照或资格的容易与否，也可反应在一个人的薪资结构中。

职场上有句名言：不要问公司可以为你做什么，要问你可以为公司做什么。

现代的学生，不该将重点放在是否起薪只有22K（台币），而是要先问，当企业需要“产、销、人、发、财、资”专长的人时，哪一项你可以举手说：“交给我吧！”

职场人的基本态度

职场不是道德学校，各种做人做事的道理，在学校时就应该已经学好。但有一项职场的基本态度，却是学校无法教的，因为那需要实际体验——就是“职场伦理”。

前面曾说过，如果一个人没有团队精神，就算能力再强，公司也是不会录用的。这“团队精神”，就是职场伦理很重要的一部分。

要知道什么是职场伦理的全貌吗？可用下图来表示：

古时候的伦理，就是“天、地、君、亲、师”，叫作“五伦”。到了现代，变成了“六伦”，增加了一伦“职场伦理”，是你在职场上要学习的第一件事。很多人不重视职场伦理，这样的人很容易在一家公司、在一个组织里被边缘化。然而，到了那时候，不要说发展不容易，甚至连保住工作都有困难。

职场伦理是有顺序的。

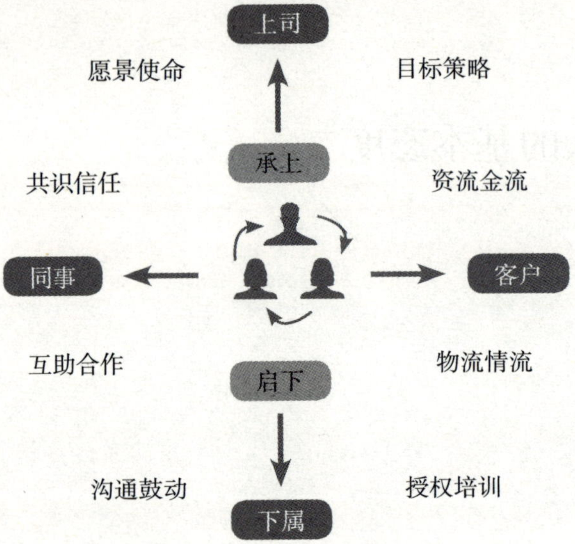

初始进入一家公司，是 90° 的职场伦理

想象一个职场象限，如上图所示，所谓 90° ，就是以自己为中心，往左拉一条线，你面对的是同仁。再往上拉一条线，你面对的是上司。无论你从事哪一行，一定会有同事，就算你的部门只有你一个人，你还是会有其他部门的同事。到一家公司，你也一定会有主管，并且会有不同层级的主管。这是一个职场新人第一个碰到的职场伦理：和同事如何相处，以及对上司应有怎样的礼仪。

工作进入轨道后，你会逐步面对 180° 的职场伦理

任何工作者都要面对客户。业务营销单位自不用说，连财会、行政人事、资管等单位，也要面对到客户。

所谓客户，狭义来说，是指对公司有业绩贡献或有潜在业绩贡献的人，包括消费者和购买公司产品的厂商。广义的客户，则“只要是公司以外的人”都是客户，比如，对政府机构来说，所有民众都是客户。如上图所示，以你为中心往右拉一条线，就是客户，此时你要面对“客户”“上司”“同事”三领域的对象，因此是 180° 的职场伦理。

当进阶为主管后，就是 360° 的职场伦理

随着你资历的加深及对公司贡献的增加，有一天你会成为主管。所谓主管，就是下面要带人，或者不直接带人，但在公司层级上属于主管级别。此时你的职场人际关系圈，已经画出一个完整的圆，如上图所示，以你为中心，往下拉一条线，面对的是下属。

可以说一个职场人的成长，就是从一个需要被照顾的“90° 新人”，变成“360° 全方位职场人”的过程。360°，就是“面面俱到”的意思，但“面面俱到”不是指做人要八面玲珑，见人说人话，见鬼说鬼话。一个全方位职场人，要懂得在坚守诚信及职场基本道德的前提下，和客户、上司、同事、下属皆可好好相处。这中间的学问很多，可简单列表如下：

象限 / 维度	对象	重点
0° 相处	和同事	●基本的同事礼貌，与人相处愉快。 ●尊重不同专业，应对进退得宜。 ▲和同事处不好的人，工作上会遭受排挤，影响团队合作，也影响工作心情
90° 相处	和上司	●遵守公司制度，对上司要尊重、有礼貌。 ●学习上司的宝贵经验，要虚心受教。 ▲和上司处不好的人，难以得到升迁，也无法获得最全面的教育训练

180° 相处	和客户	●注重形象，你的一举一动都代表着公司。 ●以客户为尊，互动要得体。 ▲和客户处不好的人，是公司的大忌，若因此影响公司业务，恐怕也很难保住工作
360° 相处	和下属	●树立诚信、专业的形象，让下属自然地尊敬你。 ●公平公正地带人，保持适当的上下级关系。 ▲和下属处不好的人，推行政策会受到下属抵制，严重时，会影响自己在公司的地位

5 种人际关系的基本守则

不论是作为 90° 新人，还是 360° 全方位职场人，只要是面对“人”，有些基本守则是不变的，包括在学校与老师、同学相处，或与家人、朋友相处都一样。与人相处的五大守则如下：

一、尊重

我们在人际关系中常犯的错误，就是不懂得尊重别人，自以为是。有的人以为这是新时代职场新人的通病，因为现代年轻人，有自己的主张，不像老一辈的人比较重视传统。但其实，我要说“尊重”是一种态度，年轻人也许言语比较随性，但心态上不一定不尊重；相反地，一个人讲话听起来客气，却笑里藏刀，这也不是尊重。

无论任何人都不要主观地认为“我说了才算”。当你有这种先入为主的印象时，已经认定其他人不如你，那就已经失去沟通的意义，难以建立人际关系。不论你觉得自己有多专业，有多行，但所谓“闻道有先后，术业有专攻”，你怎么知道别人在他的领域内的见解，一定不如你呢？所以在职场中要提升人际关系，就要先学会尊重。

你有多尊重别人，别人就有多尊重你。

二、包容

在职场上人难免会犯错，因为没有一个人是完人。但如果你怀有敌意地与人相处，看到别人犯错，就高兴，那难保下回你犯错时，也同样会遭受被嘲笑的待遇。

我们在职场上往往有一个通病，明明在学校里被教导“严以律己，宽以待人”，但工作时却反过来，变成“宽以待己，严以律人”。一个人做事有两套标准，自己犯错时，就会一次又一次地原谅自己，别人出状况时，就会想方设法狠狠惩罚对方。如果你是一位主管，那底下的人肯定对你不服。对于不懂包容的人，你的同事也会不喜欢接近你。

很多人总是说：“我没人缘。”那就要问问你自己，是否在职场上除了不懂尊重人之外，你还缺乏了同理心及包容心。

没有人缘别怪别人，好人缘是从包容开始的！

三、欣赏

人与人之间，进行比较时，一般人的心态是，看到表现比我好的，第一次是羡慕，第二次变成嫉妒，再严重就变成仇恨了。于是在职场上就有了种种明争暗斗，这种情况不仅会影响公司的凝聚力，对个人职业生涯的发展也无益。

其实凡事都有很多面，如果你往坏的一面想，当看到一个人比你优秀或和你实力在伯仲之间，你心里就会想："既生瑜、何生亮？老天爷为什么要让你出现？若没有你在这个办公室，我早就升官了。"这种心态当然是错的。若你可以用更高的气度想事情："我很幸运有这样的同事，让我可以学到很多。从另外一个角度来看，他也刺激我成长，这种情况是公司内部的良性竞争。"同样的人不同的思维，办公室的气氛就会完全改观。

当你懂得欣赏别人时，自己工作时的心境也会变得快乐。当然老板也不是笨蛋，他也分得出谁气量狭小，谁心胸宽大。懂得欣赏别人的你，自然也会被老板欣赏。

你的心胸宽大，老板一定会看得见的。

四、接纳

接纳是一种境界。其前提是要真心去欣赏别人。表面上对同事称赞，内心里却恨得牙痒痒的，这种表面工夫终究还是会露馅的。有道是"路遥知马力，日久见人心"，你的虚情假意别人一定看得出来的。

真心接纳的一个好处就是，你可以融入同事间，向他人学习。试问，你会向你不服气的对象学习吗？反过来说，对方也不会和一个气量狭小的人分享自己的专业知识和见解。但一旦你真心地接纳对方，久而久之，他的优点终究也会变成你的优点，今天放下身段，换得明日功夫九段。

我的建言：真心接纳是成长的开始。

五、肯定

我们永远要在职场上肯定别人的价值，这是在职场上成功的要件之一。当你已经学会了尊敬、包容、欣赏并接纳一个人，那何不再更上一层楼，对他人进行衷心的肯定呢？将心比心，换成是你，我想也需要常常被人肯定的。

我们知道，职场是现实而残酷的，因为竞争，有时同事间会发生或多或少的伤害感情的事。最常见的例子就是，当你把事情做对了，没有人觉得这有什么了不起，因为他们认为这是你该做的；但当你做错一件事，却没人会忘记，攻击你的有之、见死不救的有之，甚至直到多年后，当年的错还可以成为他们继续打击你的武器。

这就是职场的现实，也凸显了职场互相“肯定”的重要。在残酷的职场上当有人真心肯定你时，你会多么的感动。职场上互相“肯定”，这是一件随手可做，却不花你一分钱，但对你的影响可说是极其远大的事。在职场上，许多人往往无法做到肯定别人，殊不知“一句话使人笑，一句话使人跳”，一句发自内心的肯定，是何其重要的力量。

从今天起，如果有人表现良好，不论那人是你的上司、你的下属、你的同人，或你的顾客，记得不吝称赞他一下，给他“肯定”吧！

只要长期善用这五种人际关系基本守则，长久下来你在职场的人际关系就会很好。切记要依序而行，你如果不尊敬一个人，就无法做到包容，也不可能欣赏及接纳他，而就算你表面上假装对一个人肯定，虚情假意也终会被看破的。

所以请记得——尊重，是人际关系的基础。

而人际关系的珍宝，不在别处，就在你的心里以及嘴巴里，心中有尊重，嘴巴有善言。所谓“良言一句三冬暖，恶语伤人六月寒”。职场人千万要切记！

我要顺便说一下：职场上没有永远的敌人，却有永远的朋友，职场上的敌人往往是立场不同的朋友。多交朋友少树立敌人，甚至要将敌人视为可敬的对手，最好能当成朋友，这样在职场你就是“无敌”了。

第2章

职场必备的14项生存能力

在职场上，公司聘请你就是让你来解决问题的，如果你不能解决任何问题，那钱为何要花在你身上。所以不论你是职场新人，还是职场老鸟，在职场上，一定要培养解决问题的能力，打造自己立于不败之地的生存价值。

打造自己的生存价值

进入职场，你不用十八般武艺样样精通，但一定要打造自己可立于不败之地的价值。不要想着要做到百分百完美，因为世上没有这样的人，就连尊贵的总统施行的政策也难以让所有百姓满意。所以，我们在工作中也难免会有某些缺失。但若将职场表现想成是一张个人职业生涯资产负债表，那优点就是你的资产，缺点就是你的负债。在职场，我们要努力让自己的优点越来越多，缺点尽量改善。

职场上可以表现的优点很多，但有的优点值得特别强调，而有的优点则只是你应有的基本功。例如你是一个会计，你告诉别人：“我会会计，懂得制作报表。”别人只会觉得莫名其妙，因为这是你本来就应该会的，公司付你薪水，就因为你有这项能力。所以这不算优点。但如果你说：“我不但会会计，并且我还懂最新的税务法规，我擅长帮公司节税。”那这就是优点了。

可以试着制作一张属于你自己的职业生涯资产负债表，把你的优缺点都列出来。时时检讨，不断提升自己的能力。

以我个人丰富的职场经验，这里我要列出十四项职场“必备”的好能力。

一、倾听

在职场上最常见的毛病，就是总是忙着表达自己的看法，而没有先听对方的表达。想想看，你是不是有这样的毛病，当对方在讲话时，你其实并没有专心在听，内心里只是在想着：“等会我要讲什么……”在许多会议的场合里也是这样，许多人都已经心存定见，只顾着表达自己的意见，根本没听清楚别人在说什么。

试着，先静下心来，你的意见在你的脑海里，不会跑掉，但对方的意见若没进到你的脑子里，却会消失。静下心吧！上天为何给你两只眼睛、两只耳朵，却只给你一张嘴巴，就是要你多看、多听、少说。为何我们总是说沟通有问题，就是因为有一方不懂得倾听。

当你倾听后，才会有正确的回应。

有可能对方的意见，本来就和你的契合，但你当时若一味只自顾自地讲，甚至为反对而反对，那时候就闹笑话了。

或者原来对方的意见是 A，但你的发言却一直绕着 B 打转，鸡同鸭讲，这也会影响对方对你专业度的判断。

还有一点最重要的是，倾听是人与人之间基本的尊重。若连这样的尊重都做不到，就休谈其他的。

二、书面沟通能力和语言沟通能力

一般我们的沟通，不论在是职场还是与家人朋友相处中，基本上就只有两种方式，一种是言语，一种是书面（包含书面报告、E-mail、手机信息等）。沟通似乎很简单，就一个讲一个听（或看），然后换另一个讲另一个听（或看）。

但说起来简单，每天却有太多因沟通而产生的问题。包括夫妻相处、和客户交流、和子女谈话等，现代人总是在说沟通有问题。

到底有什么问题呢？主要就是三大沟通障碍。

1. 误解

为何别人会发现与你沟通不良？你讲 A，他听的是 B，这就是误解。

为何会有这种情况？最常见的就是前面提过的“没有倾听”，双方鸡同鸭讲了一阵子，才发现讲的不是同一件事。另一个情况，则可能是因为各人背景不同。比如，信息部的人和营销部的人沟通，有可能发生这种现象：当信息部讲一个术语，例如，信息部要将某个程序“封包”出去，营销部以为是在讲产品整合“封包”营销，背景不同，很容易发生沟通误解。

2. 怀疑

现在双方都听懂对方在讲什么。你讲 A，对方听的也是 A，但对方对你讲的 A 不信任，因为他“怀疑”。一方讲的另一方不信服，那自然就无法完成一次沟通。

这样的情形也很常见，可能是因为你的专业度不够或者过往的信用不佳，所以你讲的话对方半信半疑；也可能是因为彼此的专业领域差太大，你讲的事，对方觉得难以置信。但无论如何，双方不能达成共识，就变成了沟通障碍。

3. 缺陷

若对方对你讲的话不只怀疑你，根本还否决你，这就是缺陷。

当你讲A时，他听的也是A，但他却从口袋里拿出B，说他的B比你的更好。换句话说，他认为你提出的A有缺陷。

会有这种情形，除了可能因为你的专业度或说服力不够，对方不能信任你，还可能是双方各存己见，你要A，他坚持B。在这过程中，一定会耗费宝贵时间，影响工作进度。

要想降低沟通不良带来的伤害，就应做到：第一，就是要建立自己的专业，让你的讲话有一定的说服力；第二，就是既要清楚地呈现你的想法，也要专心倾听对方诉说；第三，就是要善于包装自己的内容，不要让人看到你的缺陷。因为本来就没有什么方案是十全十美的，重点在于你要做到让对方不要误解、不要怀疑，也不要认为你的想法有缺陷。

三、应变能力

我们常常听到一句老话：“市场上唯一不变的就是‘变’。”

所以我们在职场上，环境每天在变，客户的需求每天在变，不说别的，就连你自己的想法，今天和昨天也可能不一样。处在这种状况下，若是一个食古不化或者只会照本宣科的人，一定难以适应。在从前的时代，公家机关的做事方法就常有这类的缺点，办事一板一眼，碰到特殊状况，就不知如何是好。

任何时刻，你都要有应变方案，即便看来百分之百的活动，都可能碰到突发状况。举例来说，原本要举办一场户外新产品发布会，却在预定日期有台风来袭。或者昨天老板交代一件事，你回家做好计划书了，隔天老板却又改变想法，你能因此和老板争辩吗？另一个无法争辩的对象是客户，昨天明明在会议中双方谈好要这样做，今天客户一通电话，又全盘推翻，你能因此摆谱说是你们要改的，所以不是我的错，我拒绝接受吗？

计划总是赶不上变化，变化不如顾客的一句话。唯一可以让自己立于不败之地的方法就是：

依原订方案，我可以做得很完美！

若你改成新方案，我也依然可以做得很完美！

四、说服能力

职场上的人各不相同，俗语说：“一样米养百样人。”就算吃一样的米，每个人的想法都不一样，更何况是职场。在职场上有成千上万不同的状况，不同的思维。

当确定你的想法是正确的（可能是因为老板交办这么做，没有选择，或者你是过来人，有过前车之鉴，非常非常确定，你现在的做法才是对的），你要说服反对的一方；或者，你是业务销售员，你的目标就是要成功地把产品卖出去，所以你要努力说服对方。

怎么做呢？怎样让你的想法、你的建议，让他人接受，进而使对方支持你，买你的产品，或加入你的阵营，说服是很重要的。

表面上看来，说服似乎是单向的甲对乙，但虽然结果要达到甲的目标，过程却要符合沟通原则，那就是有“进”有“出”。因为你若只想“出”不想“进”，那对方也会和你杠上，只“出”不“进”。最好的说服是进两步退一步，而不是你这边单方面一直往前走。

即便你是对的，对方也认同你，但可能就因为你太强势，对方对你感到不满，所以会选择和你对抗。既然我们最终想要的是达到目的，那何不学着将身段放柔软呢？提到说服，一般人以为只要嘴巴甜、表达清楚就好，但这样是不够的。你还是要适度地了解对方需求。

什么叫需求？可分成三个等级：第一，是需要；第二，是想要；第三，是能要。

了解他人的需求，第一，就是先问他需要什么。他说：“我需要 A，我也需要 B，另外我还需要 C。”所以，你已经清楚地知道对方“需要”的是 A、B、C。但进一步沟通，你发现，虽然 A、B、C 都是对方需要的，但对方最“想要”的还是 A，所以你就可以思考：“我不见得要给你 B 跟 C，我只要给你 A，就可以摆平你了。”

这就是抓住“需要”和“想要”的区别。

但最重要的还是第三个“能要”。知道对方需要什么及最想要什么，不代表我一定能够给对方什么，也许我没这能力。（对方要的是最顶级的款式，但我们公司没法提供），或对方没这条件要得起（对方想要顶级的款式，但他只出得起一般款式的钱）。

无论如何，当你清楚地抓住对方的“需要”“想要”和“能要”后，就可进一步进行说服。

五、计算机技能

大家都知道现在已经是数字化时代了，如果你还在用传统式的书信，甚至写毛笔字来联系，那就落伍了。倒不是说你不对，只能说你很没效率，不能与大部分人接轨。

时代的变化是很快的。在用打字机的时代，当时的人们觉得用打字机很时髦，比手写快多了，但进入计算机时代，那从前的一切就被丢入了时代的废墟里。别以为这是很久远的事，现在职场上的中年人，在其年轻时代还没有计算机，就是以打字机为主的，所以科技变化是很快的。计算机才刚演进到新的版本，你才刚学会新的文书软件，科技又有了新的进展，变成了流行用手机和平板电脑交流。

对于这样的快速转变，很多人不喜欢，不以为然。但可惜，新计算机技能不像时尚流行那样，今天兴穿迷你裙、涂贴花指甲油，你可以不跟着流行，你无法抗拒科技的潮流，因为公司聘请你来工作，就是要面对社会的新脉动，你若“不会”，那公司请你干嘛？

永远保持学习新事务的心态吧！不要沉浸在以往旧的模式里。以我个人来讲，我每一年半到两年一定要换新手机，不是我爱潮，而是我通过新手机可学到新的软件、新的应用。活在当下，你必须不停地求新求变，否则就会被社会淘汰。计算机技能，是我们工作中非常重要的，你一定要掌握文字编排的软件、绘图的软件、计算功能的软件，这些技能都是我们应该具备的。

六、规划能力

我很喜欢用规划这个词，生活中也常常听别人提到，只是很多人常常搞错。他们把规划的英文称为PLAN，而什么是PLAN呢？被翻译成计划，但这是错的。

规划包含两种形式：一种叫企划，一种叫计划。

大家一定同意，要先有企划才有计划，因为我们一般都是先有一个企划案，再修改成我们的工作计划。当我们规划一件事时，一定要先由企划到计划，若一下子就出现工作计划，那是错的。

企划就好比我们说的草案，所以我们一般说企划书，而不说计划书，因为企划代表草案。所以上班族要养成好的习惯，做一件事前要想“企划”，要有好点子、好想法，再把这些好点子、好想法落实到工作计划中，那才是思虑周密的成品。

七、分析能力

在职场上常碰到的一个状况，就是碰到事情有先入为主的观念。这种状况在我们的日常生活里也很常见，比如说，我们走在马路上，看到一个人倒在地上，你一定会马上联想到是车祸，这样的联想没有错，因为这种情况车祸的概率的确很高。但验尸官看过尸体后，发现那人没有伤痕，检查结果是心肌梗塞。

我们在职场上也常常掉入一个陷阱，以为“Seeing is believing”，认为“眼见为凭”。的确，很多事就是我当场看到的，这就是事实，你不能抵赖。但结果可能并非如此。常常眼睛看到的是假象，就像前面那个例子，人倒在路上是

“事实”，但你的“推论”却错了。

我们在职场上要训练自己，不被眼睛所看到的骗了。有很多东西都是假象，很多人都说只相信看到的，但不去分析原因，最后却被骗了。所以，在职场上要培养自己的分析能力，要做一个可以跳脱事实“陷阱”、能够帮助公司避免错误、可做出更多贡献的人。

八、解决问题的能力

工作的模式有千百样，每个企业找人的方式、对员工的需求也都不同。

但若用一句共通的话来说明企业征人的用途，那就是：

公司聘用一个人，是要他来解决问题的。

是的，在职场上，公司聘请你就是让你来解决问题的，如果你不能解决任何问题，那钱为何要花在你身上？所以不论你是职场新人，还是职场老鸟，在职场上，一定要培养解决问题的能力。

在职场上碰到的问题，可以分为三种。以下图表示：

职场上可能碰到的问题千万种，但基本上都可以分成“发生”“发现”“发

觉”三大类：

发生

从过去到现在，一直都存在，都没有解决的，或总是一再出现的，这就是发生。

一个企业的运营，总会有问题要解决。例如工厂有不良品要检验去除，企业有产品状况需要客服专员来回应。可以说，老板聘请各部门的人，主要就是解决已经发生的问题。会计、厂务、总务、业务，就是要各自守好自己岗位，把日常发生的应收账务、生产进度、环境脏乱、产品沟通等持续“发生”的问题解决。

发现

在你的职掌范围内，已经存在但一直没暴发的问题，被你发现了，这就是“发现”问题。“发生”型问题，通常只是例行工作，而“发现”型问题，则更能凸显出员工的工作敏锐度，以及更专业的执行力。

例如，主办会计发现有一个厂商财务信用有问题，赶快提醒老板要注意；业务部发现有一个大客户，最近和竞争对手走得很近，有被挖走的危险，立刻设法补救，专程送礼拜访客户等，这些都是“发现”问题，为公司解忧。

发觉

“发生”型问题和“发现”型问题，都属于员工的基本技能。老板聘请人来，就是要解决这些常态问题，以及因应各类临时的问题。但真正优秀的人才，还可以做到展望未来、未雨绸缪。

所谓“预防胜于治疗”。很多老板招进来的人，一般只能帮老板解决已经发生的或当下发生的问题，方式也只是“头痛医头，脚痛医脚”。而优秀的人才，可以对“未来”的事加以防范，或事先准备。

例如，营运部观察流行趋势，预言今夏茶饮会热卖，公司产能可能会不够。于是事先调整工厂的产能分配，减少咖啡及矿泉水，将产能导引到茶饮料上；或者财务部预见，国际的金价可能下跌，建议老板调整公司持有黄金资产的数量等。

如果你是老板，也一定喜欢可以解决“发觉”型问题的员工。因此，身为职场人，你要在职场上不断提升自己的能力，其检核标准，就是要让自己可以从解决“发生”型问题，提升到解决“发现”型问题，最后再让自己可以做到有远见，能够解决“发觉”型问题。

唯有如此，你才能塑造自己的价值。老板会感到聘用你这个人物超所值，他花了一块钱招进来的人，竟然能帮他创造十块钱的价值。

对于已经在职场上工作好几年，甚至十多年的老员工，若还是停留在只能“头痛医头，脚痛医脚”的阶段，一旦有愿意自我提升的新进人员，就很可能被新人取代了位置。所谓“一代新人换旧人”，千万不要让自己成为那个“旧人”。

九、创意能力

老板最忌讳的员工工作心态是：做一天和尚撞一天钟，反正做好本分就好。真正好的员工，应该把公司的事情当成自己的事情，每天想着如何让公司更好地发展。所谓创意能力，不是想东想西天马行空胡思乱想，而是假设自己是老板，可以怎么做。

比如我，我每次上班，进入办公室坐下来，在等计算机开机时这段时间，我会思考一件事：今天我要做的这些工作中，我要发挥哪些创意？不外乎五个字：好、新、快、多、省。

也就是：

今天的工作，有没有哪些可以做得更好？

今天的工作，有没有哪些可以做得更快？

今天的工作，有没有哪些可以转换新的方式？

今天的工作，有没有哪些可以做得更省？

今天的工作，有没有哪些可以成果做得更多？

我建议职场人，平常不要一进公司就埋首工作，有时候要让自己沉淀一下，试着用更有效率的方式做事。创意的发想，只要聚焦在公司的业务上，经常练习定会有收获，总有一天能提出对公司有建设性的提案。

事实上，一家公司的营运，老板就关心这五件事。可惜一般员工想着的“好、新、快、多、省”，只是个人如何能换台更好更新的机车，晚上和女友吃饭如何能更省这类的私事上。

对于一个心不在公司的员工，公司的未来也不会投资在他身上。

十、学习能力

有句话说：“活到老，学到老。”对我来讲，这是不对的，太消极了。听起来好像是说：“如果我活到那时候，那我就学到那时候吧！”感觉上像是一种交换条件，上帝如果让我活到老，那我就愿意学到老。

我认为正确的学习心态应该是：学到老，活到老。

虽然六个字都一样，只是顺序对调，但意义已经完全不同。改后的意思是我不停地每天在学，学啊学的，学到有一天我渐渐年老，学到有一天我离开的时候。

这也是我的学习精神。所以每次听到有的老师在教学生“活到老，学到老”时，我都会心里不以为然，认为这样的格调不够高、太被动。

在职场上要进行怎样的学习呢？我认为要培养多元化的学习。前面曾经提过，企业主聘雇人才，主要是在“产、销、人、发、财、资”六大领域，所以一个能够跨职能的人，更容易获得重用。比如说，虽然我是做业务的，但财务我懂一点儿，总务懂一点儿，人事也懂一点儿。为什么？不只因为现代社会很多老板不只要专才，也要是通才，还因为，当大环境不景气时，很多公司会缩编，那时候也唯有懂得全方位技能的人可以获得青睐。

要避免被淘汰，就是要做到学到老，活到老，学习的内容可以很广泛，就是要再培养出第二种、第三种专长来。

很多现在正风光的人会说，我只靠一把刷子就可以吃喝不尽！在现代社会里，这样的想法很危险。如果有一天，你专长的那种工作突然没有需求了怎么办？因此，要成为不败的职场人，一定要广泛地学习。

十一、简报能力

简报为何重要？因为我们在工作中常常要对老板做简报、对客户做简报、对同事做简报；若你是主管，有时候还要对下属做简报，就是说你这个主管不需要命令下属做什么，因为你已经建立好标准流程，并把内容化成简报，底下的人只要照着你简报的内容去做就可以了。

所以简报是很重要的。简报是一种沟通的工具，一种很好的方法。为表现你的专业，你的简报不能很简单，不能随便打几个字就拿出来，一定要表现出你的专业度。

至于做简报要注重哪些事项，市场上有很多简报大全之类的专书，这里只简单地介绍几个重点。首先，简报的格式、字体、颜色，都很重要。比如说我们用 Power Point 做简报，常常被教导不能用太多的红色和绿色，因为有的人是色盲，可能分不出来，最安全的颜色是黑色和白色。此外，最常用的两种字体，一种是楷体，另一种是宋体。

再者，我们拿出来的简报，不要跟你的臭袜子一样，塞了一堆，又臭又长。最好的简报每页不要超过八行，这样字体及行距看起来比较舒服。若放的信息太多，一堆小字密密麻麻地挤在一起，眼睛都看花了，就失去沟通的意义了。

十二、协商谈判能力

协商谈判，涉及很多专业，甚至牵涉到心理学、身体语言学等。但基本上，谈判就是要了解对方的需求、懂得怎么说服对方、怎么掌握交换条件。

我个人认为，在职场上，很多人都把“沟通”跟“谈判”弄混了。

沟通和谈判的差别在哪儿呢？一个是对内，一个是对外。对外的叫谈判，对内的叫沟通。你有没有听过你的老板跟你说：“你现在有没有空，我们‘谈判’一下。”我想你若听到老板这样对你说，可能吓到腿软了，老板要“跟我谈判”，那肯定我有输无赢，搞不好叫我回家去。

正确的说法应该是，老板问你有没空“沟通一下”。

对外才叫谈判。谈判是可能破裂的，甚至有时候你故意让谈判破裂，结果对方反而答应你的条件，这是一种生意技巧。而你跟你老板沟通，如果故意让“沟通破裂”，那你是真的不想混了。所以，只有谈判破裂，没有什么沟通破裂。大家都是领薪水的，大家都是为公司做事，有事好商量，干吗要谈到破裂。

这里谈到一个很重要的观念，即协商谈判是职场上很重要的技能，特别是工作中牵涉到对外的。例如你的工作是采购、做业务、做财务甚至于做总务，都要加强自己的对外协商谈判能力。因为无论是采购或总务人员想要帮公司用更少的钱买到物超所值的东西，还是业务人员要把原本便宜的东西用高价卖给客户，帮公司争取利润，都要靠协商谈判。

十三、时间管理能力

我曾经听过一句名言：“上帝是公平的，不管你是穷人还是富人，一天都给你二十四小时。”

是的，每个人一天都是二十四小时，这是唯一公平的地方。但是在职场上，要提升工作能力，你就得设法让这二十四小时变成四十八小时。所谓二十四小时变四十八小时，当然不是科幻小说中的让时间停止或延长，而是要让时间运用得更有效率。

对于优秀的职场人来说，时间管理非常重要，时间管理能力可能是在同侪中异军突起的关键能力。以我个人的经验，我会把上班时间分成三种时段：

黄金时间

不同的行业有不同的黄金时段。以我自己的例子，我认为早上九点到十一点，以及下午两点到四点这两段时间，是我的黄金时段。

因为这两段时间，我们刚吃饱、刚睡饱，身体得到了充分的滋养和休息，是量能曲线最好的时候，这么好的时间，要用来处理重要且比较紧急的事。

沟通时间

我的建议：早上十一点到十二点半，以及下午五点半到七点这两个时段，是最好的沟通时间。

为何选早上十一点到十二点半，大家可能有这样经验。你如果是做业务的，尽量选择这段时间去拜访客户，有两个好处：第一，如果你和客户谈得很顺，你可以跟客户说：“吃饭时间到了，要不要顺便用个简餐，我还有很多重要的事还没和您报告。”如此一来，就可以通过吃饭拉进感情。相反地，如果双方谈得不顺，那就可以边看手表边说：“我看吃饭时间到了，那我就不打扰您了，下一次我会准备充足，再来和你您报告。”这叫进可攻退可守，是运用时间的一种巧妙。

再来谈另一种沟通，也是公司内部沟通。有没有注意到许多公司喜欢用中午时间开会，一边开会一边吃午餐，午餐吃完了，会也开完了，然后下午一点半开始上班，那个时候，沟通也沟通完了，吃也吃完了，的确有效率。（但后遗症是有些员工开会时压力较大，比较容易拉肚子。）

还有很多公司喜欢将开会时间定在下午五点到七点间，原因有两个：

第一，因为五点钟以后公司下班了，客户也下班了，所以不会有客户打电话来骚扰，可以专心开会。

第二，既然已下班，你就没什么事了，可以专心来开会。这时候开会很有效率，因大家都希望赶快开完早点回家，可以利用这种时间压力，让会议更顺畅地进行。如果选在正常上班时间开会，那一定会或多或少地拖时间，与会的人会边看表边开会，不想让会议太早结束，因为待会还要回到办公桌前，比较起来，在这多舒服啊！可以吹冷气，听别人讲话，甚至还可以打瞌睡。可是选在五点半到七点就不一样了，这是没有薪水可领的时间，这是“我自己的时间”，重点讲一讲赶快回家了。这样的开会绝对有效率。

零碎时间

除了黄金时间和沟通时间，那其他的时间就是零碎时间。

我的习惯是把零碎时间以十分钟做单位来利用。例如当老板说：“等一下有个会议要开，时间定在半小时后，这段时间大家可以先休息一下，上上厕所准备一下资料。”像这样的时段就是零碎时间，以这个为例子，这代表零碎时间有半小时，我会把时间切成三块，想想第一个十分钟可以做哪些事（例如清理一下电子邮件），第二个十分钟可做哪些事（例如汇总这个月的新客户资料）。这样让时间更有弹性，可以利用这段时间完成一些琐碎不重要的事。

一个好的员工，会在职场上善用这三种时间。

十四、专业技术能力

“产、销、人、发、财、资”都有自己的专业技术要求。虽然各自有各自的专业，没有一定标准，但公司取才，除了要找具备专业能力的人外，也要顾虑到这些能力的长远性和延展性。

所谓长远性，就是指你的技能是否在时时更新。例如会计这个职位，会计法规年年会修订，配合不同的税法。担任会计的人能否经常更新自己的本职学能，还是 5 年后你的技能仍然和当年初入公司的时候一样？许多专业靠考试来评量等级，但有些行业完全是靠自学及敏锐度。例如做企划的，年年有新的营销管理理论，但最重要的仍是要时时关心时代脉动。

企划发想不能和时代脱节，真正的专业技能是不断在成长的。老板聘用你时，他看到的不是你“当下”拥有多少专业技能，而是“未来”你的技能会成长到什么境界。

所谓延展性，就是你的专业技能有没有拓展的空间。例如你是网络工程师，伴随着公司业务的拓展，你的技能是否可以变得更宽广，还是每当公司拓展新产品，就得另外聘请一个新的工程师？此外，若一个技能和另一个技能不属于同一领域，但有相近的地方，你能否虽然对另一种技能不那么专精，但至少可以做到了解基本原理，能够和合作厂商沟通的地步吗？

一个拥有多种技能的职场人比只会单一技能的职场人，更有发展空间。

以上就是职场人必须具备的 14 项优点。加上每个人的其他优点，如做事勤快、口才好、个性笃实等。你可以把这些优点都写下来，做成一个个人评量表，列在你的职业生涯资产负债表上面。以 1~10 分做自我评量，可以年年检视自己的成长。

个人职业生涯资产负债表　资产盘点 评量时间：　　年　　月　　日											
	分数										
项目	1	2	3	4	5	6	7	8	9	10	评语
倾听											
书面沟通能力和语言沟通能力											
应变能力											
说服能力											
计算机技能											
规划能力											
分析能力											
解决问题的能力											
创意能力											
学习能力											
简报能力											
协商谈判能力											
时间管理能力											
专业技术能力											
其他（依个人状况填写）											

第3章

职场不败要戒除14个坏习惯

习惯是个可怕的东西，比犯错还可怕！当犯了错，人们会惊觉不对，会被指责、被惩罚，因此至少知道要改正。但“坏习惯”却会让你觉得理所当然，因为“已经习惯了”，所以没有人会主动地想要把习惯改掉。

职场坏习惯决定你的去留

在职场上，人人都对自己有期许。经常见到的情况是，就任新职时意气风发，想要有一番作为，于是立定志向、大发豪语。而工作一段时间后，发现事务进展得没那么平顺，困难处处，阻碍重重，彼时就斗志锐减。好的职场人，懂得收敛锋芒，变得沉潜稳重，以稳扎稳打的方式持续贡献心力，一步步朝成长的目标迈进；自我管控能力差者，可能就会带点自暴自弃，将原本的雄心壮志，转成了“不求有功，但求无过”的消极心态。

在职场上任何的消极心态都是不对的。若仅以“不求有功，但求无过”的最低标准来看职场人，那这所谓的“过”是什么？我觉得“过”不只指“过错”，也应该包含职场上的坏习惯。当习惯成为理所当然时，其影响力会非常大。就像你每天刷牙已变成习惯，你不会去想要改变；开车也是一样，一旦每天习惯了，整个都是自然的反射动作，甚至不用思考也能做。

坏习惯是可怕的，因为经年累月下来，将会改变你的职业生涯发展。任何时刻发现错误、改正错误都不晚，重要的是你愿意改。下面就为大家列出在职场里必须改的十四大坏习惯。

一、缺乏斗志

相信大家都同意，在职场做久了会有倦怠感。凡事都有理由，倦怠感也是。有的人觉得有倦怠感是因为工作一成不变了无新意；有的人说公司制度颟顸，业务推展有无力感；甚至有浪漫派的会说他想追求生命意义。但不论是哪种说法，都是“理由”，都是“借口”，要找理由的话，连吃饭都可以嫌米不够白，睡觉都可以嫌床不够平，总之问题出在内心。一句话，就是缺乏斗志。

倦怠感一来你就缺乏斗志，这是常碰到的坏习惯。说它是习惯因为那是最顺手可做的，反正人总会累，累了就顺理成章想休息，就可说成是倦怠感。但人不是天生就懒洋洋的，是人自己纵容自己偷懒以致之。

缺乏斗志，被我列为所有坏习惯之首，并且这现象在职场很普遍。看着许多年轻人懒懒地一天天混日子，我觉得他们这是在浪费生命，也是社会的一大损失。要治疗懒病，治疗心病，就要从下指令给自己开始。有一个好方法，每天上班前先对自己说五个字“好、新、多、快、省”，给自己一个任务，看能不能把事情做得更好，方法更新，产能更多，速度更快，成本更省，就是说通过创意来提升斗志。

人都是为了追求更高理想才奋斗的，不要让理想睡着了，动动脑用创意来培养斗志吧！

二、花样太多

什么叫花样太多？就是许多年轻人虽然已离开校园，却忘了自己已不是学生，还把教室里的坏习惯带来公司。上班就是上班，想些有的没有的，做些搞怪的事，美其名是活络公司气氛，其实是给同事带来了困扰，影响了公司运作。

花样太多有两大类，第一大类比较基于善意，就是说，想创新，想来点新花样。前面不是也说，我们每天要常想“好、新、多、快、省”吗？这其实也是职场的迷思，把胡思乱想和创意混为了一谈。好的创意是一种珍贵的工作智慧，会带给公司营运新的发展转折，但就算是好的创意也需经过公司评估落实，何况大部分名为创意的只是“搞不清状况的乱想”。特别给公司带来困扰的，是针对工作流程做的花样，公司有标准流程的事，就按规定做就好了，却有人自以为聪明搞些新花样，这种改变没让公司变得更好反而更遭。

所以不要有“闲着无聊、喜欢搞怪”的坏习惯，请切记，所谓“更好、更新、更快、更多、更省”必须植根于公司既有的基础，一个人不会走路就想学跑步，这是本末倒置。

就像爱因斯坦、伽利略等大科学家，凡·高、毕加索等大艺术家在创新前，都是有着扎扎实实的根本专业学识的。

花样太多的第二类型，就更不足取了，就是喜欢上班搞怪，开同事玩笑，带头起哄，要同事一起闹。或者，上班正事不做，喜欢去搞什么生日派对，办公室恋情乱点鸳鸯谱。办公室里，有点欢乐气氛是好的，但大前提是要认真完成了工作。有精力去搞怪，不如多用点心，提升自己的工作实力。

所有的事情都一样，基本的事做好了，才能谈如何变得更好。

三、喜欢争论

现代的年轻人，生长的时代是自主性比较高的时代，几乎都是“传家宝”，一路被父母呵护着。所以他们会养成一种坏习惯：大家都要顺应我，一旦对我不认同、不支持，那原本的防卫心态就会跑出来，和对方抗辩。

其实不只是年轻一辈，更早出生的一辈，在职场工作十几二十年的人，也有笃信“适者生存，竞争才是王道”的。当别人的意见和他们的不一致时，他们不去理性地评判双方的对错，而是一味地抗争。你通常会发现，在职场上当讨论项目或沟通事情时，人们常会因为自尊、面子，而争来辩去，怀着“不能让别人赢，我输”的心态，想要争个输赢，拼个胜负。

职场是个现实的地方，善于沟通、懂得分辨情势的才是优秀的职场人，遇到事情就脸红脖子粗要争论到底的人，第一会让人觉得情商太低，第二会留给老板坏印象。不论你是对是错，如果爱争辩、不能心平气和地谈事情，已经先被扣分了。

职场是工作的地方，不是比谁输谁赢的竞技场。

◆职场案例分享

某公司今年营运状况不佳，老板觉得已到了员工需共克时艰的时刻，他想要员工减薪，并命令课长去传达这个公司的指示。

课长勉为其难奉命去告知员工减薪的消息，员工们极度愤慨，不理解公司怎可如此。他们在气愤中把课长当成替罪羔羊，觉得是这个课长的问题，于是发起集体罢工，和老板抗议，并威胁老板：你有两个选择：一个是让课长走，一个是我们集体走。

读者猜后来是谁走？课长走，还是员工集体走？

答案是：老板让课长走。

理由：

老板问员工，若课长走了，你们会认真工作吗？大家纷纷表态，愿全力以赴。于是老板把课长开除，然后将原本每月付给课长的薪水，平分给他的员工。对老板来说，他的成本没变，一样付那么多钱；对员工来说，不但没降薪，反倒薪水有所增加，他们当然对老板很感恩，所以更加努力工作。

以结果来看：老板赚到了，课长成为牺牲品。

这对课长来说当然很不公平，但这就是社会现实！人生中有很多这种不如意的状况，课长就算再和老板争论也没有意义，因为人生不是道德课，也许在道德上课长有理，但商场的现实就是牺牲课长的好处比留下课长的好处大。

既然职场是看现实，不是看输赢，那么任何时候花时间去争论都是浪费你的时间。平常要善于沟通，但一旦碰到状况，应学会看破看开，学会放得下。

四、满腹牢骚

我们在工作中，总会碰到不如意的事，所以应学会“有牢骚带回自己家”，不要在公开场合影响别人。其实想想，我们每天都会碰到不如意的事，有的人从小养成了“冷眼看人生”的习惯，每天看报纸就会骂国政，批评社会这不好那不对，与人相处也总是看人不顺眼，今天说张三能力差，明天嫌李四没品位。这种人总会对一些事情感到不满，内心总是有批评，不吐不快。

问题是，在职场上“你是领薪水做事的”，若你没办法改变爱发牢骚的坏习惯，那至少要学着不在办公室里发作。全天下老板都是这样的，他花钱请员工来，就是要做事，就是要解决问题。人人都不希望听到牢骚。因为老板会想：你如果对我们公司这么不满，那干吗领我的钱，并且给我的公司造成困扰？

要知道，一个人发牢骚，一定会影响其他同事，除非你关在厕所里自言自语，而但当一个人心存不满时，就连对厕所的卫生纸颜色，都会有意见。这样的人工作起来一定不快乐，每天臭着一张脸，也影响其他同事的心情。此外，人同此心、心同此理，你爱听好话还是唠叨？若你自己都不爱听抱怨的话，那为何要用这样的坏习惯影响别人？

自己的满腹不满，就像是又臭又长的裹脚布，留在家就好，不要带到公司来。

五、缺乏责任感

在日本的职场上，常出现两个字：“担当”，这是一个很重要的概念。

所谓担当，比起“责任”二字，更加全面，更加有深度。担当不只表示做人做事要有责任感，还要确认一件事是谁该负责，该做怎样的承诺。唯有当我们对一件事有一种“我有担当”的心态，才能更加用心地做好一件事。

为什么人们会缺乏责任感，通常有两个原因：

第一，缺乏自信

有时候会害怕，若我们去做而没做好那该怎么办？因此，我们要培养自信。而自信的基础来自能力，一个人没能力就没自信，没自信也就不敢承担责任，一个不敢承担责任的人，在职场上是难以有发展的。

第二，怕被惩罚

这也和前面所述有关，不敢承担责任的人，心态上也是怕被惩罚，因为已经预设立场，认为自己多半会做不好，这就是没自信。但还有一种情况，可能和公司文化有关，也许公司一直以来就是“有功不赏、有过必罚”，这样带来的后果，就是没人敢去担当事情。

如果每个人都担心受罚，那么很多事都没人敢做了。这里要强调的是，公司可能是一时的，做人却是一辈子的。也许你今天在这家公司服务，来年又换到另一家公司，但你的做人态度却是一直跟着你的。一个没有培养出担当个性的人，去到哪里都无法有大成就。对于处罚，不应该害怕，而要抱着学习的心态：如果我第一次没做好，被批评、被惩罚，那至少我立誓要从错误中学到经验，不会被同一块石头绊倒第二次。

可以勇于面对未来，勇于承担可能会有的惩罚的人，才是企业最喜欢的职场人。

六、对客户或上司没礼貌

这也是近20年来才有的职场通病。在以前的时代，老板的权威感比现在大，老板下命令，员工只有使命必达，全力以赴，没有第二句废话。但后来逐渐变成，老板讲一句，员工就要谈条件，这也不好那也不想，甚至还会跟上司顶嘴，讲话没大没小的。

不可否认的，这和家庭教育有关，很多职场新人从小被父母宠坏了，所以来到职场还以为只是到了他家后花园。对上司讲话没礼貌已经够严重了，甚至还对客户没礼貌。在如今以客为尊的时代，工作中很忌讳跟客户争辩。如果是在餐饮服务业，服务生对客人无礼甚至可能上新闻版面；在一般商场上，对客户无礼，更是代表着两家公司决裂。你也许可以辩称你只是个小小的员工，但在商场上，一旦你递出公司名片，你的一言一行就代表公司，不管你是老板还是业务助理都一样。“尊重”是职场人一定要懂得的基本态度。

礼貌很重要。当然不用一定像日本人一样弯腰90°，我们有时候会觉得那太虚伪、太矫情，除非是高级大饭店或SPA服务等特殊行业，不然在日常生活中也不必礼数太过，但基本的职场人礼貌则是一定要遵守的：第一，点点头；第二，嘴巴要问候：“请、谢谢、对不起”；第三，握手。这些基本的礼貌连小学生都会，但可惜很多现代职场人却不懂。

比如说握手就很有学问。我们握手一般都是先伸出一只手，态度要热情诚恳，但我看很多年轻人握起手来心不甘情不愿的，伸出的手软趴趴的有气无力，任何人一握就知道他没有诚意。有些老业务则喜欢表现高度诚意，习惯用两只手，让客户感受到他们的热诚。但太过热情也不一定是好的，有时会让对方不知所措。若对方是女性，握手更有礼仪要求，第一次见面太过热情，恐有性骚扰之嫌。

讲这些礼仪或许听起来太保守，但缺乏礼仪却是许多现代人的坏习惯。把无礼当理所当然，最后又抱怨自己的职场之路不顺，那就只能怪自己不能怪别人了。

你要先尊重别人，别人才会尊重你。

七、懒惰

懒惰是一种“若不自我砥砺，人人都很容易染上”的坏习惯，毕竟，懒惰是比较“舒服”的。很多人都有这样的想法：今天若可以舒服地躺在床上休息，干吗辛苦地在外面流汗？今天自己可以不必做事，把事情都丢给别人，这样轻轻松松地不是比较好？就因为懒惰比勤快容易，所以在社会上有各种程度的懒惰。像前边所说的没有斗志，就是懒惰的一种；而最极端的懒惰就是整天关在家里什么事都不做，这已经是一种病态了。轻微一点儿的懒惰症状则很普遍，凡事认为“理所当然”“这样就够了”“不要自找麻烦去多做什么”等都属于轻微懒惰。

为何会造成懒惰这种坏习惯呢？冰冻三尺非一日之寒，很多人从成长时代的第一个“理所当然”开始，就养成了不喜欢多思考的坏毛病。到了职场上，就会想：“反正我只要工作成绩达到60分就好，为何要80分？”这样的人会不求上进，当别人已经从60分升到80分，他还是60分。因为他会想：“我就算做到了80分，薪水也还是60分的等级，我干吗要像别人一样努力？”或许他会自我安慰：“等有一天我的薪水给到80分的程度，我就能做到80分。”这就是典型的懒人思维。

你现在虽然领的是60分的薪水，但若你肯将能力提升到80分，当机会来临，公司要找一个有 80 分实力的人时，那你就是被选定加薪的那个人。所以不要再找借口懒惰了。一懒，就把你的一生都浪费掉了，值得吗？

机会是留给准备好的人的，你现在的努力，只是在为未来做准备。

八、工作没计划

想到什么就做什么，讲好听点是随兴随缘，讲实际点，就是不负责任。现在市面上流行很多生活哲学的书，讲究“慢活”“做自己”，但那是在个人的私领域去做自己。在职场上，公司有公司的任务，工作有工作的使命，一个做事没有计划的人，会影响公司的营运。

一般人常犯的两个工作计划错误：第一，做事不懂优先级；第二，工作不懂时间分配。而不论何者，都是因为没做好事先的工作计划。

曾看过一件既好气又好笑的事。有家公司举办一个活动，某位主管带领全体同人熬夜辛苦赶工，布置出一个很美的场地。但是，当天活动要用的产品还没准备好，客户名单也还没确认，于是主管又带领全体员工拼命地亡羊补牢。最后的情况是，因产品还没准备好，整个活动延期，既影响了公司信誉，又让员工累得半死后做些无用功。

这类现象在职场上并不少见。比如，甲员工埋头苦干赶出一份资料后，才发现这份资料乙同事早就做过了，现在公司的营运重心也不是这个。或者在执行一个任务时，把时间都耗在 A 步骤上，最后发现，根本没有时间处理 B 步骤和 C 步骤，忙了半天，整个任务还是白搭。

如果你做事没计划，工作也因此没效率，别以为你可以跟公司说：“反正花的是我的时间，我自己熬夜补回来好了。”

当公司觉得一个人做事不经大脑、不懂计划时，那公司也绝不可能重用这个人。

九、缺乏数字观念

数字很重要。虽然除了科学家或会计精算人员外，一般人日常生活用不到高深的数学，但现代人却往往连基本的数字运用都不娴熟。以前，没有方便的计算机或各种机器，人们还肯动脑做计算，而现在 3C 产品[①]太方便了，乃至于许多人已经不会算术了。

比如，我去便利商店买烟，一包烟 95 元，我给店员 100 元，他找我 5 元就可以了。明明是一笔简单的算术，却常看到店员还得拿起计算机算一下，然后再开始打收款机。我觉得，他们不可能真的不会算，只是懒习惯了，因为有的店家生意不好，没什么客人，收银员闲着也是闲着。每笔交易都花比较多时间去计算，摆明是混时间的心态。

在职场上，不善于使用数字的人是难以有前途的。举个最简单的例子，开会时讨论不同方案的利润比：若用 A 方案，生产多少数量单位成本是多少，预估一个月卖多少件，单月利润是多少；若改用 B 方案，情况又是怎样。在这种情况下，如果你不会算术根本无法进入讨论。而平时经常做心算练习的人，就可以很快地反应，当老板提及一个数时，他可以立刻在内心加加减减，迅速

① 指计算机（Computer）、通信（Communication）和消费类电子产品（Consumer electronics）三者结合，亦称“信息家电”。

地和老板做有关销售利润的对谈。我所认识的主管级人才，心中都有一个计算机，不用靠手上拿的计算机就可画出营运的蓝图。

要成为有前途的人才，请从日常生活中开始重视数字。

十、生活不检点

公私分明，是我们常提到的概念。从理论上来说，公归公，私归私，一个员工只要工作表现好，即便私底下和老婆正在闹离婚，或者夜晚喜欢泡夜店，或者有许多不正常男女关系……这些私领域的事，公司应该基本上不过问。但实际上，公与私却无法完全地分割清楚。

最常见的私事出问题的如因为和人偷情被抓，正打民事官司；积欠民间债务，被地下钱庄追讨等。这些私事都会影响到公事：一方面当事人心情不佳，影响工作质量；另一方面，那些私领域的相关人物会打扰到公司，如经常打电话来公司，或在公司门口堵人等。还有一种常见的情况则发生在公司高层主管身上，如某主管在外面偷腥，被老婆抓奸提告，甚至闹上新闻版面，这虽是私事，却绝对影响公司形象。今后这位主管代表公司出去开会，也难免会得到异样眼光。在此种情况下，就无法真的公归公、私归私了。

现代的职场人有许多生活不检点的坏习惯，别以为这是下班后自己的事，这些事都会影响到你的工作形象。如果你夜晚流连网咖或沉迷于在线游戏，那么第二天一定气色不佳，工作没精神且根本没法专心思考；如果你私下乱搞男女关系，或者金钱关系处理不当，当你躲着不见对方，对方通常会找到公司，前台人员都被吓到了，必然会反映给公司高层。

退一步讲，就算你的私生活不妨碍你的工作质量，比如，你就算私底下再怎么生活不检点，你还是销售业绩顶尖，或者你每次都能完成主管交办的任务。但人心通常是有成见的，只要老板知道你的私生活不检点，就会心存定见，认为你连自己都管不好，将来如何做楷模，担任主管带领团队。此时，你的未来已经被画上叉叉了。

每个人做好自己私领域的行为，既是对得起自己，也是使自己有较好未来的保证。

十一、无法贯彻公司政策

有些员工觉得自己工作能力强，别人搞不定的客户，自己可以拿下来，别人两天做完的事，自己一天就能搞定，所以就沾沾自喜。能力强当然很好，但公司最看重的不是你的能力，而是你对公司的态度，这其实也是一般公司在面试新人时最优先考量的事。一个人虽然很优秀，但若无法遵守公司制度，那他的能力越强，就会让事情的进展离公司希望的越远。

很多时候公司高层会发现，上面提出目标要求一两个月了，下面的基层人员却依然成效不彰。原来问题不是出在基层员工身上，而是出在中间的主管身上。许多主管有自己的想法，不认同公司的主张，竟然阳奉阴违，公司交代他A任务，他却将主力放在做B任务上，这样公司当然看不到成效。所以公司对招聘进来的人的要求是：第一，要能认同公司的愿景和使命；第二，当有不同意见时，愿意和公司沟通，沟通后取得共识，依公司的命令执行。如果公司喊口号要往左边走，而下面的人却都往右边走，那么很快这些人就会战死沙场，移灵职场忠烈祠。

事实上，阳奉阴违的当事人也很痛苦。他必须偷偷摸摸地做他认为该做的事，再以事实成效来告诉公司他是对的，但后来的证明却是一场空，因为原来当初公司下那个命令是有其考量的。此外，无论是否偷偷摸摸，阳奉阴违的人内心总是不踏实。我们人生在世，都希望做个顶天立地、好好挥洒的人，若明明不认同，仍要继续工作，还要阳奉阴违，那不就是为五斗米折腰？这样工作也太痛苦了。不是吗？

受人之托，忠人之事，这是职场人的基本道德。

十二、缺乏团队精神

虽然是老生常谈，但因为很多人还是记不住，所以在此我还是要分享那个大家耳熟能详的故事。

有一天，某个族长即将过世，他担心死后三个儿子会互不服气，导致族里内乱，便把三个儿子都叫来，给他们一人一双筷子。

族长对长子说："你拿起一根筷子，看可否折断？"长子很帅气地拿起筷子，施点力就把筷子折断了。族长又叫次子、幼子同样拿起一根筷子看是否能折断，也都各自很轻松地就折断了。

这时族长说："你们现在手上各剩一根筷子，请都交给我吧！"于是三个儿子把筷子都交给了族长。

族长拿根细绳将三根筷子绑一起，然后交给长子，说："现在你再试着把这三根筷子折断。"长子拿起绑在一起的筷子，使尽吃奶的力气也没折断。次子、幼子也一样都折不断。

最后，族长语重心长地说：“你们三个啊，就像是三根筷子，当一个人时，很容易就能被折断，唯有你们三个团结在一起，才能变成无法折断的力量。”三个儿子终于体会到了族长的用心。

在现代公司里，可能受美国好莱坞电影的影响，许多人喜欢当英雄，但英雄主义并不适合公司这样的团队。因为每个任务的完成，都是靠各部门的配合，你再怎么聪明能干，也只能做一个人的事。你要懂得一个基本的逻辑，就是一永远是一，一加一才可能等于二，甚至大于二。当你逞个人英雄主义时，也许因为碰巧立功而沾沾自喜，但你以为公司从此将重用你吗？不！任何聪明的公司都不会重用这种人，因为公司看的是长期规划，一次的成就不代表终身的成就，但一次的工作态度，却已经证明你无法遵守公司的规范。这样的人，你认为公司会重用吗？

工作是由一连串的事构成的，做事态度比个别实绩重要。有团队精神的公司，才能顺利完成每一个任务。

十三、缺乏服务精神

什么叫服务精神？我用两个字来概括服务精神的反面，那就是“自私”。许多人为了找到工作，在求职过程努力地包装自己，写漂亮的履历表，穿着得体，用心地回答面试官的问题。而一旦被录用了，就不再努力了，仿佛之前的努力只是为了进这家公司，进来了，终点就到了，可以休息了。

还有一种人认为只要“尽本分”就好。平日打混、做事不负责的态度固然不应该，但只尽本分同样不是职场人应有的态度。有的人认为，所谓上班就是领公司的钱来吃粮当差。好比和尚敲钟，时间到了我依时敲钟，敲完就没我的事了，就可以睡觉了。这种工作态度在职场上很普遍，也让很多公司感到头痛。说要开除嘛，员工并未犯什么错误，该做的事，他也照规定完成了。但如果公司里都是这种“只照规定”完成的人，那又会了无生机。

◆职场案例分享

某公司在年度一开始，就告知旗下的业务团队们：大家好好干，要努力达到我们设定的业绩额度，一旦达到了，年终就有不错的分红及奖金等着你。公司的总体目标被划分成个别部门目标分配下去，每个部门的目标再分配成小组目标，然后是个人目标。一层层传递下去。一整年下来，有的人努力工作或做事有方，成功地达到了部门目标，接着就很高兴地等过年，领奖金。但有的部门，一年后最终没达成目标。更重要的是，将全公司所有部门的业绩加起来，并没达到公司预期目标。

问题：公司现在要不要发年终奖？还是只针对那些达到目标的部门发？

答案：今年公司不发年终奖。

因为奖金要发就全发，不发就全不发，不能有的发有的不发。那有人抗议，他明明有达到业绩为何不发？那是因为公司整体没达到业绩。而公司整体为何没达到业绩？其一大主因，是那些已经达到目标的人并没有以团队精神去帮助其他部门，甚至还以看好戏的心情，在一旁冷眼看其他人的努力。就是因为有这种没团队精神的员工，所以导致最后公司没能达成目标，因此，当然不发奖金。

所有的职场人都要学会打破自私的观念，成长来自于分享，成长来自于团队力量带来的整体提升。

重视团队精神，既让公司营运成长，又可以让自己学习成长，何乐而不为?

十四、不注重仪表整洁

很多人会有个错误观念，认为“只要我喜欢，穿什么都可以，穿衣服要有自己的风格，要酷、要有性格”。问题是，职场不是你家，你可以在家里或者假日出游时穿得很新潮拉风，但一旦进入公司，你就是团队的一分子，要注重公司形象。

又有人问，很多高科技公司，如IBM、苹果等，看他们当年创业时的穿着，很多也都很邋遢。另外，在很多个人工作室里或一些艺术家，也是穿着夹脚拖鞋，但不影响他们的名气。发问的人在举出职场特例时，并没有综观全局，那些创业时邋遢的人，因为创业维艰，可能一切都难免简陋。但当要拜访客户或对外发布产品时，他们绝对是西装笔挺；后来公司做大了，员工也讲究一定的服装礼仪。至于艺术家，这本就是比较个人化的职业，而即便是艺术家，在重要场合也会穿着正式，因为那已不是酷不酷的问题，而是你是否尊重别人。当你不尊重别人时，别人也绝不会尊重你。

现在很多公司都规定员工上班要穿制服，要有公司整体形象，当然也有很多公司不规定统一服装，但一定都会要求员工重视服装仪容。而一些基本礼仪已经不单是在工作场合需要，就连平常个人在路上也必须注意。例如，胡子要刮干净，在某些场合女性一定要穿丝袜，不该露出白白大腿显得不庄重，这都是国民的基本常识。

如果你让人觉得你不尊重对方，那么就别想让对方尊重你的发言了。

总结以上十四个职场人经常犯的坏习惯，可落以两个字来总结，那就是“尊重”。每个人在工作中，不但要展现自己的专业，也该展现自己的态度。上面所述的十四个坏习惯，从“缺乏斗志”到“不注重仪表整洁”，直言之，都是不重视自己的工作，也就是不尊重自己工作的表现。

要想做个称职的现代职场人，就要先尊重自己，并尊重自己的工作。

第4章

找到职业生涯的起跑点

这世上绝没有一家公司，完全符合你的要求。所以我们应像那句古老的谚语所说的“若山不来就我，那换我去就山”。如果找的工作符合自己的职业性向，那么进入公司后，适应也比较容易。这对求职者来说，是一个比较简易的模式。

如何安定内心，建立职业生涯的起跑点

有这样一个故事：曾经有个男子因为无意间帮了一位仙子，仙子为了报答这个男子，破例为他开启了一条通往财宝海岸的路。

她告诉男子：“你顺着海边走，可以不断地在沙滩上看到或大或小的石头，每个石头都可化身为等量大小的珠宝。但有个限制，就是凡人一次只能选择一块石头带出来，并且你只能往前走，绝不可以回头，你选中你要的石头后，就可退出海岸。”于是这个男子带着好奇心进入了财宝海岸，果然在海岸边一路都可以看到大小不同的石头，但因为海边有浓雾，他每次只能看到眼前的石头，而看不到前方的石头。男子捡起一块看起来还算不小的石头，一拿起来那块石头就变成了珠宝，但男子心想，前面应该会有更大的石头。果然，他再往前走，看到的石头更大。于是他选择继续往前走，又看到更大的，他心中欢喜，心想：“我就走到最前面去，找块最大的，那就一辈子也不愁吃穿了。”不料，他再往前走，发现石头没那么大了。他不信邪，继续走，可看到的石头都很小，甚至比他刚进海岸时找的那颗还小。他不甘心，就一直走，忽然间，他看到出口已经在前面了，他已不能回头。于是他只得赶快找到最近的一块石头，那块石头小到用两根指头就可以轻轻拿起。无可奈何的他也只能带着那块石头离开财宝海岸了。

其实，我们每个人来到世上，就像来到一片乐土，而一个好的工作，就是我们生活中的珍宝，但一个人一次只能有一个工作。一个尚未找到自己真正职业性向的年轻人，在职场上多方摸索，在初始工作的几年会换工作，那是正常的。但许多人一生的时间都对各种工作不满意，不停地换。与他同龄的人都已在一家公司升上高级主管，他却还是某家公司的“新进员工”，搞到连同学会都不敢参加，情何以堪。

其实，工作的好坏没有绝对，很少有百分百合适的工作。比如说计算机工程师，从前世界上根本没有计算机，更不会有计算机工程师这个职业，所以这是人类创造的新职业，没有人一出生就是喜欢计算机的。其他的如保险、铁路工程、塑胶化工等从业人员，也不是天生就爱保单、爱铁路、爱塑胶的。

天生的职业性向虽然重要，但更多人还是依照后天的学习才融入工作的。

无论是职场新人，还是已经有了工作但想换跑道的朋友，站在一个寻找工作的起始点上，一定要关心三个问题：

怎么找到真正“适合”自己的工作

首先，这世上有真正“合适”你的工作吗？还是你标准太高？若你非要找年薪百万、工作量少，且离家不到十分钟的工作，那可能一辈子都找不到。再者，若你肯定这世上一定有“适合”你的工作，但那工作要二十年后会出现，你也要等到那时候吗？

该如何守住你的饭碗

有很多人找到一份工作后，还是抱着得陇望蜀的心态，吃这碗，看那碗。安分地做好一份工作，是一种现实，还是一种屈服？工作和人的关系，是应该人去适应工作，还是应该工作适应人？工作只做到可以维持住就好，还是有机会赶快跳槽？我的态度是选定一份工作，全心投入，即便这是你不喜欢的工作。

该如何先站稳工作岗位，建立基础

在目前的工作之余最好能挪出时间，多挑战不同的工作，兴趣与嗜好范围可以尽量广。这样可以更快地帮你找出自己的职业性向，从更多的可能性中切入，从而找到自己真正想要的。另外，可以多请教前辈，去跟前辈谈一谈，了解他们是如何工作和生活的，进而找到自己真正感兴趣的职业，这会是一个很好的入门喔。

什么是谋职者的正确心态

的确，好的工作难寻。一个有专业技能的人才，若去一个不能发挥才华的公司，那不但对人才来说很可惜，对国家来说也是个损失。从个人角度说，他将被埋没在一个不能适才适用的战场；从国家角度说，国家花了十几年的时间教育培养一个人，结果却没用在对的地方。

有很多工作也不是天生就有适合做的人，就像前面举过的例子。这世界上没有人说自己的职业性向天生就是保险从业人员，但许许多多的人在这个领域发展良好，成了千万富翁。他们原本的学科可能是文学、物理学、医学等，但进入与所学专业不同的行业后，不仅没有“学非所用”的焦虑，反而创造出另一片天空。自己获得了财富，年年缴纳许多税金，也对国家做出了贡献。

这似乎是一道无解的难题，无怪乎许多科幻小说作者会发明一种自动分配的机制。比如经典畅销小说“哈利波特”系列，进入霍兹华兹魔法学院的新生，都会接受分类帽的分配，去到“适合自己”的学院。另一套畅销小说“分歧者”

也是同样的概念。找工作没有标准的答案，但可以有基本的原则：

在主观上，尽量寻找可以与自己专业性向及兴趣相结合的工作；

在客观上，进入职场后，全心学习，融入工作，创造自己新的职业性向。

将以上两个观念相结合，寻找最大公约数，就会是个好工作；也就是说，在找工作时，不要像散弹枪一样每个工作都投递简历，要先挑选一定范围的工作。被录取后，也要明白这世上绝没有一家公司，完全符合你的要求。所以我们应像那句古老的谚语所说的“若山不来就我，那换我去就山”。如果找的工作符合自己的职业性向，那么进入公司后，适应也比较容易。这对求职者来说，是一个比较简易的模式。

下面从主观和客观两个方面来看求职者的心态以及常有的迷思：

<table>
<tr><th colspan="4">求职者的主观心态与迷失</th></tr>
<tr><th colspan="2">找工作的角度</th><th>主要迷思</th><th>正确思维</th></tr>
<tr><td rowspan="4">主观认知</td><td>喜欢的工作类型</td><td>许多人想找“钱多事少离家近”的工作</td><td>这实际上不叫工作性向，而是一种贪心，想要工作轻松又领得钱多</td></tr>
<tr><td>专长的工作类型</td><td>我是电机系毕业的，就是要当工程师；我学的是企管，就是要当主管</td><td>学校教育包含通识教育和专业科目教育。
专业科目让你拥有某些技能，但不代表你的工作受其限制，职场的空间发展是多样性的</td></tr>
<tr><td>兴趣的工作类型</td><td>我喜欢唱歌，所以要当歌星；我喜欢画画，所以要当画家；我喜欢文学，所以要当文学家</td><td>兴趣不能和专业混为一谈。很少人能够从事与自己兴趣相同的工作，反过来说，工作也不妨碍你发展你的兴趣</td></tr>
<tr><td>追求的工作类型</td><td>我要当百大企业里的高级主管，这样才能光耀门楣</td><td>这不叫工作性向，而是家人和朋友对你的期待。这是一种社会营造的身份地位迷思</td></tr>
</table>

求职者的客观心态与迷失			
找工作的角度		主要迷思	正确思维
客观认知	**公司对我的展望**	我是学会计出身的，就一生以会计为职志	当然有很多人可以一辈子从事一个专业，步步高升，例如医师、律师。但多数工作以及多数公司希望一个职场人能拥有多种专业，并且鼓励员工轮调历练
	公司对我的期许	公司一定希望我成为这个职位最专业的人	其实公司最重视的不是一个人有多专业，他们在乎的永远是“谁可以为公司赚最多钱”。因此，你不但要专业，将来还需学着当主管
	公司对我的投资	公司最好一直安排我上课，让我学习成长	公司聘请一个人，不是让他来学习的，那是每个人在找工作前在学校里就必须做好的事。公司只训练你可以为公司赚钱、取得竞争优势的技能
	公司对我的照顾	常常听说公司里大家就是一家人，老板应该对我像对待家人一样照顾	公司毕竟不是家庭，其所作所为的唯一目标就是让公司赚钱。若照顾你可让公司赚钱，公司当然照顾你；反之，若你无法符合公司发展的需求，那公司也将毫不留情地请你走人

在认清了求职者应有的主观心态和客观心态后，你心中是否有了一个新的求职蓝图？无论如何，你还是应该了解自己的职业性向，市面有许多这类的书和这一类的辅导机构，但最重要的答案，还是深藏在你内心。

我觉得有些职业性向的分析标准太抽象、太一般化了。比如说，以星座来作为谋职分析，那与其说是职业性向分析，不如说是饭后聊天的话题。你相信天瓶座的人适合当科学家、射手座的人适合当运动员吗？我相信不用问专家，你自己就知道，世界上有各种星座的科学家发展很成功，也有各种星座的运动员获奖无数。有些职业性向分析太过受环境影响，比如填许许多多的问卷，但依照每天的心情不同，你可能今天填的答案和昨天不一样，难道你一天内职业性向就改变了吗?

我建议的职业性向分析，是以大方向作为参考，再辅以个人特别领域的不同状况，如兴趣、学历、家庭背景等。从大方向来看，我个人最爱以三国的人物做例子，其中有五个典型的人物可以作为属性分析。这五个人就是蜀家三兄弟：刘备、关羽、张飞，再加上他们的幕后操盘手孔明，以及后来加入的小弟常山赵子龙。他们分属五种不同类型的人，可以用图表表示如下：

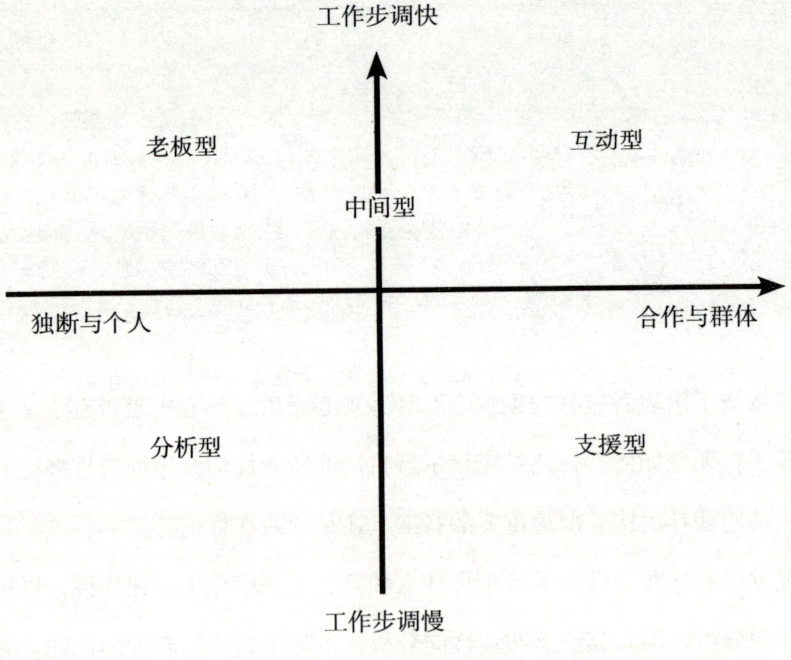

这里简单介绍一下这五种类型的人：

老板型的人

这一型的人又称独裁型。如同图表所示，这种类型的人做事步调快。他们吃饭快、开车快，重视时间管理。但做事喜欢独断，不喜欢讨论而是直接下命令。对他们来说，太花时间的事就不必了，公司是我的，我说了就算，我有意见也不用委婉表达，我是老板，所以讲话不必拐弯抹角。整体来说这种人比较外向，个性比较独立，很爱支配别人。因为在台湾很多老板都属于这种类型，所以我称之为老板型。在台湾你常可以看到很有威严、不怒自威的老板，但并不是说老板型的人一定是当老板的，很多高级主管，或专业人士如法官、律师等，也符合这样的特质。

分析型的人

比起老板型的人来说，这一类型的人比较稳扎稳打，做事步调比较慢，做决定也比较慢。在他们稳重的外表下，同样有一种威严的或学者的气度，个性也一样的比较独断，性格比较孤僻，要下决定也是自己决定。所谓分析，就是他们虽然步调慢，但不代表深思熟虑后所做的决策一定是对的，毕竟市场本身变化万千，于是他就必须不断地再思考，再前进。这一方面也是由其不爱通过众人讨论，纯凭自己判断所致，再怎么优秀的人才，也可能有思虑不周严之处。

支援型的人

听名字就知道，支援就是非主力的意思，感觉上就是配角。但实际上，台湾有很多老板的领导风格都是支援型，他们会开放公司内部讨论，自己只做辅导的角色，属于开明型的老板。支援型的人重视团队合作，生活中很大一部分时间是在处理人际关系，做事步调慢，比较温和保守。如果是老板，也是比较讲究爱的教育型的人。

互动型的人

可以描绘出一个形象：一个步调总是很快的人，经常参加各种聚会，在社交领域里如鱼得水，这样的人像是个什么职位的人？大家第一个想到的一定是业务经理。由于在台湾很多企业创办人都是业务出身，小公司起家，因此这种类型的老板也很多。这一类型的人深知人脉的重要性，工作也讲求效率，通常会喜欢召开会议，时时刻刻都充满活力，但也经常带给员工压力。极端的例子是，会半夜打电话给员工交代事情，因为他太讲求效率了，所以只要今晚可以完成的，就不能拖到明天。互动型的人善于社交，也好相处，但一切行事太匆忙，有做错决策之后再更改的风险。

中间型的人

顾名思义，从上面的表格就可以看出，中间型的人位于图表中间。这世上当然有面面俱到的人，他们做事既不会太匆忙，也不会太缓慢，而是当快则快，当慢则慢。在与人的互动上，有些事要求大家开会决议，有些事自己裁决，这种人似乎是职场上最棒的角色。但这里要和大家分享两个观念，那就是人人都可以是中间型的人。因为：上表中所示的各种角色，只是取极端值，但一个人的位阶可以是不同的。

如下表所示：

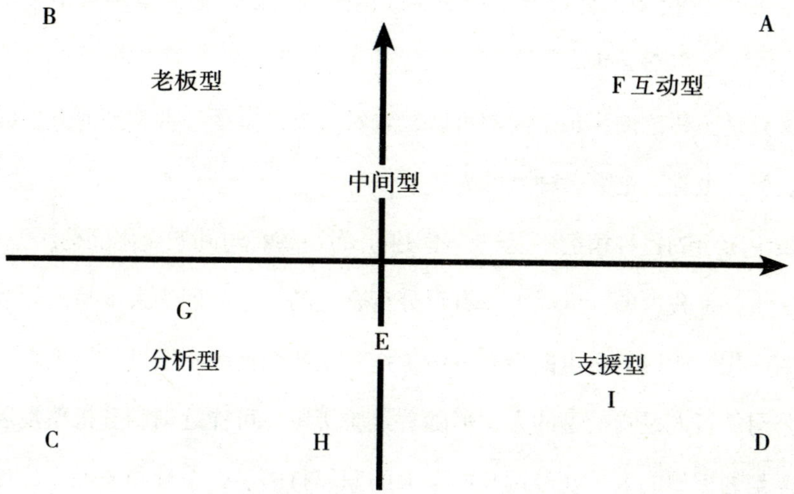

如图示：

A：典型的互动型。

B：典型的老板型。

C：典型的分析型。

D：典型的支援型。

E：典型的中间型。

F：属于互动型，做事步调偏快，但比较懂得如何与同事沟通相处，是能听取中肯意见的人。

G：属于老板型，虽个性较偏向独裁，但行事会经过适当的考虑，是个不会拖延的人。

H：属于分析型，虽然做事步调慢、爱深思熟虑，但不会独断独行，会征询大家的意见。

I：属于支援型，喜欢参与社交，取得团队共识。但做事步调中规中矩，不会太慢，也不会太快。

这只是一些范例，每个人都可以试着看看自己是哪一种类型的人，以及自己的老板、主管，是哪一种型的人。

表中所示的各种角色不是一成不变的，而是随着时间的变化而有所变化的。

这也就是我说的，世界上没有百分百合适的工作。因为人本身的职业性向会发生变化，所以怎么可能会有一份工作完全适合你呢？常见的情况是，一个刚进公司的新人是支援型的人，但随着经验历练，可能逐渐朝分析型发展。或者原本是老板型的人，在经过几次重大的职场打击后，个性趋向保守，逐渐转变成中间型的人。

没有哪种类型是绝对好或绝对坏的，各种类型的人都有适合的职位。一般人以为中间型的人最好，看起来面面俱到，什么都中庸。但在步调快的公司，或者刚创业起步的公司，中间型的人就不见得是最适合的。

对于不同型的人之工作建议如下：

老板型的人：

可以找专业度高并且适合一个人做的工作，例如医师、专业设计师。若进入企业，可选择高专业领域行业，如特殊的化工器材、专业的原料供应厂等。老板型的人可以从低级主管升到高级主管，甚至成为独当一面的总裁。另外，小型企业也适合这种人。

分析型的人：

可选择以研发为主的工作，适合担任学者，或者做需要很多耐心细心的工作。若进入企业，可以在研发部、人资部等。另外，很多艺文领域也适合这种人。

支援型的人：

很适合做小生意，开个店。在企业里可以担任后勤类工作，如会计、总务、资管等。也适合投入公益类、社团服务工作等。

互动型的人：

最适合担任业务工作，可以考虑一开始就进入高挑战性的保险业、房地产业等，有机会赚取高收入。

中间型的人：

适合发展中的平稳行业，可以担任企业的中流砥柱。

谈到此，有人是否发现少了点什么？

是的，聪明的你已经发现，我明明前面提到刘备、关羽、张飞、孔明，还有赵子龙。为何没分析他们各属于什么类型的人？不是我不分析，而是这件事见仁见智，除了孔明是中间型的人大家比较认同外，其他人属于什么类型大家的意见可能不同。就连孔明，我说他是中间型，但有人可能觉得他是分析型，因为他凡事亲力亲为，且深思熟虑。或者有人说他是支援型，因为他总是在幕后运筹帷幄，支援每个将军。我欢迎大家通过这样的训练，思考自己的职业性向，并欢迎你将自己的看法分享到梅台生的脸书。

第5章 不败职场人的基本工作心态

在职场上，晋升主要有两种方式：第一看年资，第二看功绩；更多的时候，是两者都看。职场是一个很大的考试殿堂，你永远不要只会回答一份试卷，你要拥有第二专长，任何发下的试卷，都要有办法回答。经得住操练，你才能提升职场竞争力。

职场人的五大基本工作心态

每个行业都有不同的专业需求，每家公司也都有不同的企业文化，并且不同的产业、不同的公司间的差异可能很大。例如，鸿海集团的管理风格与奇美企业的管理风格就完全不同。在员工管理上，有强调福利政策的，有完全以客为尊、重视产业形象的。企业的类型有家族式企业，也有美商公司在台的分支机构，所以似乎不可能有一套职场守则可以适用所有的公司。

然而，还是有用之四海皆可畅行无阻的职场人通则。毕竟，无论一家企业的企业文化为何，每个企业都追求高利润、高成长，因为，赚钱是企业的责任，没有一家企业是创业伊始就不打算赚钱的。另外，全世界的企业，不管管理风格多么弹性、多么人性化，没有一家要雇用没能力的人，因为企业不是慈善机构，企业没有义务收留不认真做事的人。下面我将和您分享一个职场人在职场应具备的基本心态。

永远要做公司的资产，而不做负债

什么是资产？会计学上对资产的定义，系指单一企业通过交易或非交易事项所获得之经济资源，能以货币衡量，并预期未来能提供效益者。另外，从维基百科上也可找到，资产就是一种存在于未来的经济价值之事物。“未来的经济价值”是指，特定企业（或组织）若拥有该事物（资产），则可以利用其来产生（增加）企业未来的现金流入，或利用其替代（减少）企业未来发生的现金流出。

那么人才算不算资产呢？当然以会计学计算来说，人才不算，因为人并不是“物”。但，在每个老板的心目中，人才一定是公司的资产，因为其可以创造“未来的经济价值”。

你是个可以创造未来经济价值的人吗？或者，你会说你是个新人，目前无法为公司创造价值，但“假以时日”你一定会成为公司一大助力。只是想请问，这“假以时日”是指三个月、半年，还是一年、两年、五年？

我访问过许多职场新人，他们有一种流传已久的职场迷思。以为一旦进入一家企业，就至少有半年甚至一年的安全期。所谓安全期是指因为你是新人，所以“不会做事是应该的”，在这段时期你没有贡献也没关系。职场新人也常常给自己一种自我安慰，认为试用期就是没有压力的培训期。这种想法绝对是错误的，企业不是训练班，也没有责任培训新人。新人进入一家公司，就要建立一个基本的心态，就是公司找你来，不是要你来学习的，而是要你来付出的。

虽然对于刚进入公司的新人，公司一般都愿意一边付薪水，一边等新人适应环境，但与其说是培训，不如说是投资，也就是要让新人快速上手，将来把这些投资通通收回来。是的，初期公司可以容忍你的错，案子写得七零八落、和客户联络讲话不清不楚，这些都可以原谅；但公司不是家庭，公司的领导也不是你的亲戚长辈，所以错误只能犯一次，要尽快让自己从公司负债的身份变成公司的资产。

到底一个新人需要在多长时间内上手呢？基本上我的设定是，第一个月可以作为观察学习期，这个月内要充分了解公司的基本理念、产品、制度、人事关系，以及掌握你的职位所需要的各种基本技能。最迟第二个月，你就应该成为独当一面的职场人了，不论对内对外都不该再以“我是新人”当借口了。

至于在职场已经待过一阵子的老人，更应该时时反省自己是否在持续地为公司创造“未来的经济价值”。你的薪水是刚好可以抵销你的贡献，还是公司付一块钱给你，你可回馈十块钱给公司，投资报酬率是十倍？或者你为公司赚的钱，远远不及你领的薪水，那你就真的变成公司的负债了。

要经得住磨炼才能学到真功夫

这里先分享一个真实的故事。

由于我经常在职训局上课，20年前曾碰到过一个学生，这是他的故事。当时我听到的是故事的开头，直到20年后有机会再次见到他，才知道了故事的结局。

大家都知道，职训局是一个失业的人可以去的地方。国家会对失业者进行培训，发展他们的第二专长，在这段时间也会给失业者发一点儿薪水。我当时的一个学生，姑且叫他阿宏吧。阿宏有幸在受训期间找到一份工作，当时他应征的是总务。总务不是公司里影响力最大的职位，要做的琐事很多，算是一份辛苦的工作。他进去一周后，突然接到了老板的电话。阿宏当时很担心，一般试用期是一个月，现在才一周就接到老板的电话，多半不是好事。果然，一进老板办公室，就看到老板皱着眉头，阿宏当时吓得腿都快软了，以为自己会被开除。结果老板对他说："阿宏啊，说实在的，当初你进公司时我太忙了，来不及亲自面试你，现在才把你的履历仔细地看了一遍。我现在有个需求不知道你可不可以胜任？"

阿宏立刻正襟危坐地说："一切听从老板吩咐。"

老板说："我们公司有位扫地扫了30年的欧巴桑，最近她说儿子要结婚，要请两周的假，我担心公司的厕所会没人扫。"

阿宏一听，立刻恭恭敬敬地回答："老板不要担心厕所没人扫，就让我来扫吧。我是总务，总务本来就是要负责公司所有的事物，当然也包括清洁厕所。"

阿宏虽然心里很不情愿，但还是接下了扫厕所的工作，很认真地扫了两个礼拜的厕所。好不容易等到欧巴桑休假回来，他终于可以逃脱臭臭的厕所了。没想到才过两天，老板又打电话叫阿宏过去。阿宏又担心了，看看行事历，他到职才三周，尚未满一个月的试用期，是不是欧巴桑告状说他厕所没扫好，这下可完蛋了。

怀着忐忑不安的心，阿宏再次走进老板的办公室，没想到老板眉开眼笑地说："阿宏啊！欧巴桑刚跟我说她打扫卫生30年来，从来没见过有人打扫得比她打扫的还干净，现在你把厕所打扫得比她本人打扫的还要好，欧巴桑感到很欣慰，她终于可安心退休，将扫厕所的工作正式交给你了。"

阿宏一方面心中庆幸，他没有被开除；另一方面，不禁暗骂，接到这种工作，每天要闻臭味，而且也没因此被加薪。阿宏心中虽如此想，嘴上却不住地说：“感谢老板的信任，感谢老板交付的任务。”

这里，我要请问读者一个问题：如果你是阿宏，你会怎么做？以往上课时，我也问过学生这个问题。

有的学生说：“我们要勇于争取自己的权益，当被公司交付新任务时，我们要据理力争，最好拿出当初的聘用合约，跟老板说：应征时的工作内容并不包含扫厕所，现在要叫我扫厕所，那请给我加薪。”

另一个学生说：“我觉得这家公司很压榨人，我看就趁现在才进去不到一个月，趁早收兵，赶快再找其他工作吧！此处不值得久留。”

这两个学生的答案，前者看似理性，其实是行不通的。在公司里谁会跟你一板一眼地讲这种规定，若要这样讲，就等于双方撕破脸了。而后者的答案，等于是碰到状况就要离职，那样的话，将永远会处于换工作的状态，因为天底下没有一家公司是十全十美的。并且别忘了，当时阿宏是在职训局找到工作的，也就是说，他之前的职场路并不顺遂，若现在又轻易离职，难保下一个工作又要隔很久才能找到。

那阿宏是怎么做的呢？他虽然心中有点不舒服，但还是接下了这个工作。尽管一开始百般不愿，但既然答应了，他就想认真地把这件事做好，每天把厕所打扫得干干净净，人人称赞。久而久之，公司看到阿宏的工作态度值得信任，就把他从总务的岗位上调去做业务（也就不用再扫厕所了），之后又从业务做到财务，可以说公司所有部门的事情他都做过或者代理过了。

20 年过后，有一天阿宏想要另谋高就。结果老板出来拜托他，请他不要走，不论他要多少薪水都愿意付给他；在职位上，也让他当上了公司的副总。

为什么？因为老板发现，整个公司除了自己，就只有阿宏最熟悉公司的状况；老板更担心，阿宏离开后万一自己创业，两人变成竞争者，那就更加不妙了。他宁愿加薪把阿宏留在身边，并且对阿宏更加礼遇。这就是阿宏自身的真实职场经验。

在台湾有很多中小型企业，很多老板为了省钱不喜欢把工作划分得太清楚。一个工作如果A不在，可以找B；B不在，可以找C，人人都是十项全能，这样公司最高兴。但外商公司可能就不是这样。外商公司的工作划分得比较清楚，如果你是做财务的，那就不准去碰业务；反过来，做业务的也不可以碰财务。但我们身在台湾，就要学着让自己成为全能型的人。如果你抱着公司给我多少钱我就做多少事的心态，那么在职场上是不会有发展的，因为所有的老板都讨厌这种心态。你要经得住磨炼才能学到真功夫，这就是我要和年轻朋友们所分享的。职场是一个很大的考试殿堂，你永远不要只会回答一份试卷，你要拥有第二专长，任何发下的试卷，都要有办法回答。经得住操练，你才能提升职场竞争力。

要学习能扛责任，不要推托

在职场上，晋升主要有两种方式：第一看年资，第二看功绩；更多的时候，是两者都看。

年资比较容易算，在这家企业工作了几年就是几年，这个有具体的时间数字，没有问题。在公家机关和大型企业中有一种共通的语言：知道某某人是“几期”的；若有人升上主管，通常也会照顾与自己同期进来的人，这就是年资。

但功绩算起来就比较难了。古时候，军队要外出打仗，可论战功行赏，在现代这当然行不通。如果是业务部门，或许可以看个人的销售业绩，但现代许多企业都是打团体战的，比较没有个人英雄主义。另外，很多事业部门与业绩并不直接相关，例如会计、信息、总务等。那要怎么看功绩？又怎么决定是否晋升呢？那就要视平日的任务表现了。

任务分常态任务和项目任务。所谓常态任务，顾名思义就是日常性工作，这部分难有突破性表现。所以一般来说，有重要表现的主要看项目任务。

对新人来说，碰到项目任务一则以喜一则以忧。喜的是，终于有机会可以表现一下，这是提升绩效的重大关卡；忧的是，万一做不好怎么办？那不就完蛋了。此时，我给新人的建议是：

（1）不要犹豫，勇于接受任务。

（2）不要怕扛责任。全世界责任最重的人，通常也是最有权有势的人。你要成为不必扛责任，但一生庸庸碌碌的人，还是勇敢扛责任，做出一番成绩的人？

（3）若你顺利完成任务，恭喜你！你已踏入人生新的阶段。

（4）若不幸你没完成任务：首先，你必须勇于承担责任，不要有任何推卸的行为或言语，如果这个任务注定使你下台，至少你要走得令人尊敬。但基本上任何一家公司，都不会因为一个员工勇于承担任务之后不幸失败而将其开除；相反地，公司会在斥责你一番后，期许你下次不再犯错误。这里我再分享一个职场的例子：

我有一个朋友，担任一家科技公司的主管，参与一个项目任务。他预测电子阅读将会是一种趋势，并大胆假设现在民间有很大需求，且市场上没什么竞争者。他建议公司研发一款电子书阅读器，公司共投资了五千万在这个产品上，这个项目由我朋友规划、主导。后来产品上市后，销量不如预期，几乎可以说是乏人问津，这个产品项目完全失败，以大量退货作为收场。而我那位朋友当然一肩扛下所有责任。

在项目结束后的某一天，我朋友受到董事长召见。他心中已经做了最坏打算，觉得董事长肯定是叫他离职。他也想好了，等会儿一见到董事长就要先谢谢他多年的照顾。另外，他也会将这次的项目过程做成光盘，以实战教训的方式提醒后人不要再犯同样的错误。

他怀着沉重的心情走进了董事长办公室，果然公司许多重量级董事都在场，他的生死已成定局。

董事长开口第一句话："我们大家开会讨论了很久，以非常慎重的态度，做出了这个决定。"我那朋友低下头，连道歉也说不出口，他已因惭愧而泪流满面。但接着董事长的话，却让他怀疑自己是不是听错了。

董事长接着说："集团将成立新事业体，我正式委任你接任新事业体的副总经理。"我朋友惊讶得说不出话来，最后才战战兢兢得问："你们不是为了这次项目要开除我吗？"

董事长大笑一声，走出他的座位，拍拍他的肩膀，说："年轻人，你想想公司既然已经花了五千万投资你，买了教训，当然要好好重用你，否则这五千万不是白花了吗？加油！未来靠你了。"

这就是勇于承担所获得的报偿。

要做个积极招运的人，不要消极等待运气

什么是运气？有人形容运气是一个从前面看头发浓密的人，当他快速朝你

飞奔而来，你要把握机会抓住他的头发，因为一旦错过，你从后面看，会发现他是个秃头，再也没有机会抓住他的头发了。

机会是留给准备好的人的。

我的学生都是上班族，我经常在上课时间他们：周一到周五，你们下班后在晚上七点的时候，通常在做什么？

甲学生说，那个时间他多半在睡觉。因为他工作比别人认真，别人五点一到就下班了，他却愿意多加一个小时的班，也不领加班费，愿意为公司奉献。所以由于疲累了一整天，他往往一回家就倒头就睡，然后九点多十点再起床、洗澡、吃东西，才再入睡。

乙学生说，他那个时间都在帮老婆做家务。由于经济不景气，现代人若要养小孩，一个家要两份收入才够，他的另一半也上班，至于洗衣、做饭等家务，就夫妻轮流做，所以七点的时候，他一般都在做家务。

丙学生说，那个时间他通常都在上课。他认为30岁前赚的每一分钱都不应用来储蓄，而应该用做投资，这样30岁后才能有更好的竞争力。他希望每一块钱都用来投资自己，所以他会自费去上各种提升自己的课程。

假设公司突然有个主管空缺，老板要在这三个人当中挑一位，读者诸君，若你是老板，你会选谁？

甲学生认真努力，为公司打拼，老板看到了，会过去拍拍他的肩膀，给他鼓励，甚至偶尔还会给他加发点奖金，作为辛苦付出的小小酬劳。

乙学生能够把家庭和公司都顾好，是个标准好爸爸，公司需要这种形象健康的人，老板也会过去拍拍他的肩膀，以资赞许。

但主管的位置，最后还是会交付给丙学生。原因无他，公司营运是现实的，丙学生若当主管的话，带给公司的贡献会比其他人更大。因为公司付给他的薪水，他拿去上课提升自己，然后又反过来回馈给公司，等于公司在给自己投资，选他当然比较划算。

可见，一个不断学习的人会比别人多一分机会，当时机来临，他就雀屏中选了。你觉得是他运气好，还是因为他早就准备好了呢？

这里再分享一个心得：

在职场上，老板是怎样看一个新人的呢？

25 岁的新人找工作，老板不认识你，只看你的学历。

30 岁的人出来找工作，老板要看你的经历。

到了四五十岁年纪的人要找工作，老板看的是你的能力。

都五六十岁的人了，若还要换工作，那老板要先看看你的病历。

最后，如果一个六七十岁的人还廉颇未老，想在职场上奉献，那老板看的是——皇历。

所以职场新人们，年轻时就要打好基础。履历只是你的敲门砖，在大半的职业生涯里，人家看的不再是你的履历，而是你的实力。

随时做好准备，天底下没有平白掉下来的运气，只有时时做好准备的人。

积极接近成功人物，不要排斥比自己有成就的同事

有一句话大家都听过："近朱者赤，近墨者黑。"如果你嫌这句话太古板教条，那么在近代成功学中也有这样的句子："有钱人欣赏其他的有钱人和成功人士。""把你最要好的 5 个朋友的财务状况平均起来，就约等于你的财富

状况。”简单来讲，就是你要接近成功人士，自己才能成为成功人士。

但实际上我们在职场上看到许多职场人并不是以这样的态度看事情。他们对那些比较成功的同事，反而会采取对立的态度，用嫉妒取代欣赏，用不满的态度取代学习的态度。我很少看到一个心存不满的人能有什么成就，而那些虽然和别人竞争失败，却仍能以君子风度向胜利者道贺，并衷心请益成功之道的人，不但会获得人们的尊敬，而且离下一次的成功也不远了。

其实，从现实的角度来看，天底下没有比在公司里向前辈学习最划算的事了。别人花了 5 年、10 年时间累积的业务智慧，成就的一桩桩漂亮的项目，你只要嘴巴甜一点儿、身段柔软一点儿，就可以在半天内把别人 10 年的功力挖过来。这样的学习，可以让你少走许多冤枉路，不是非常划算吗？难道你非要自己去跌跌撞撞，取得的成果也没有比人家好，这样值得吗？

文明社会可以一代比一代快速地发展，重点就在于后人是站在前人的研究基础上而更上一层楼的。个人的职业发展也是如此。公司一般来说都有良好的传承训练，原因就是为了不让后人多跑冤枉路。然而，许多的学习对象通常不是公司里的培训讲师，而是不同部门的各部同人，甚至客户。

开启答案的钥匙，就在你的嘴巴里。

请朋友们积极地向成功的同事、成功的上司、成功的业界前辈学习。如此一来，下一个成功的人才有可能是你。

第6章

职场站稳脚步的游戏规则

事情既然做了，就要用心去做，不要只做一半。有些人一方面和老板连连点头称是，一方面心不甘情不愿的，全写在脸上，做的事也七零八落，一看就是纯应付的样子。其实这也等同于不想做，老板不是白痴，自然看在眼里，这样的员工下场就是不久后卷铺盖走人。

站稳脚步必备五观念

从前学生们有个错误的观念，以为考上大学就可以玩四年了。的确，台湾的大学教育，只要混得不太过分，就一定可以毕业。然而，若年轻人心存侥幸，以为进入社会也是这样，那就大错特错了。

进入公司后，有没有什么安全门槛和考核期限呢？答案是，没有最低门槛，也没有期限，任何时刻你都要表现得优秀。在西方的企业，你一季表现不好，老板就会请你走人；在东方，也许比较温情主义，老板没那么狠，但同样的，你的竞争力比不上别人，对公司的贡献度不能让公司满意，那么不论你是刚来公司未满半年的新人，还是已经工作三五年的资深员工，或者已经是资历超过20年的公司老臣，一旦公司觉得已经没有留你的价值，就会让你走人。因此，不要以为你一旦进入一家公司，就可以高枕无忧了。

占位不重要，站稳才重要。

以下五大守则，可以帮你在职场上打好基础。

永远不要只做你分内的事

或许因为不景气的关系，很多人养成了斤斤计较的习惯。去吃碗牛肉面，想要加点汤，老板会要求额外收 5 元钱。去超市买一堆东西，想要个塑料袋，售货员也要求多加 1 元。日常生活中，服务业已习惯分得很清楚，我收你多少钱，就提供多少服务，若要额外的服务，就要另收钱。但请别把这样的观念带进公司里。

曾有个员工，公司办活动时，老板请他支援现场工作，他竟然说："我的工作是资管，活动场务不属于我工作职责，恕难从命。"老板当场也不能把他怎样。但可想而知，这个员工的未来不会有好的发展。果然，没过两个月他就被公司因正当理由开除了。

大部分人不会那么不明状况，对于公司交代的事情还是会去做。事情既然做了，就要用心去做，不要只做一半。有些人一方面和老板连连点头称是，一方面心不甘情不愿的，全写在脸上，做的事也七零八落，一看就是纯应付的样子。其实这也等同于不想做，老板不是白痴，自然看在眼里，这样的员工下场就是不久后卷铺盖走人。所以，这里要奉劝读者，去一家公司的态度是：不只不要排斥本职以外的工作，还要以正面的心态看待额外的工作。

那么，正面的心态是什么呢？

（1）太好了！我等于得到了免费学习的机会。

要知道，在今天这个竞争激烈的社会，想要多学一技之长，都得另外去上培训班或听讲座。如今公司给我机会接触不同部门的工作，若我表现得好，等于额外多修习了一门宝贵的工作学分；若我表现不好，老板也不会太苛责我，因为他也知道这是额外的工作，不是我的专业所长。这种做得好会被摸摸头，做不好也吃不到苦头的学习机会，抢着要都来不及，怎么还能心不甘情不愿呢？

（2）太好了！我又有了发挥所长的机会。

原本在一个部门里，我和几个同事的表现都差不多，分不出高下，也看不出老板更器重谁。现在老板分配给我额外的任务，那岂不表示老板有意提拔我，在考验我？这既是我表现实力、把握晋升的机会，也是我答谢老板的机会，我当欣然以赴。

朋友们，吃苦要当吃补。只想领多少钱就做多少事的人，永远不会有进步，也将难以在公司站稳脚步。一个人要不断地接受新的教育，不断地磨炼自己，不能光为了当主管、升职而急着表现自己，如果根基没打好，就算做到主管的位置也不会长久。越成长，收获才会越丰盛，就好像我们种苹果树，若果子还没成熟就急着收获，那绝对不会好吃。

成长比收获更重要，投资比储蓄更有价值。

凡事没有理所当然，要随时懂得心存感谢

新一代的年轻人常被认为是不懂得感恩的一代，因为他们处于史上最富裕的时代，没有战乱，也没有碰上经济大萧条，再加上现在的家庭孩子普遍不多，父母将其当宝贝一样疼。在这种环境下成长起来的孩子常觉得：“大家对我好，都是理所当然的。”这会衍生出两种负面效应：第一，一碰到挫折就觉得委屈，觉得都是别人对他不好，然后就情绪差或者忧郁症发作，不想做事；第二，总是想要别人为他服务，而且不懂得感恩。

其实，我们的身边总是有贵人的。比如你从小学到大学碰到的那些老师，他们带给你知识的启蒙；比如在日常生活中，士农工商不同行业的人为你做的服务；当然还有你的父母亲、兄弟姐妹及朋友给你的支持与鼓励，以及陪你度过的许多美好时光。而这里要特别提的是职场的贵人。

在职场中，你会碰到两种贵人：一种是正贵人，一种是负贵人。

正贵人

其实，你从进入一家公司开始，就会受到很多人的帮助。

当你还是新人的时候，你不懂公司规章，不懂业务流程，是公司老员工帮助你的，你曾感谢过他们吗？

当你茫然无措，还在摸索前进时，是主管替你订定目标，立下标准，也是他激励你每天打拼上进。你曾感谢过他吗？

还有那总是一脸严肃的老板，他不只是你的衣食父母，他还让你有一个好的奋斗环境，可以追求人生新境界。你曾感谢过他吗？

请拿出一张纸，列出你想感谢的人的清单，有机会的话，记得和他们说声谢谢。那什么叫“有机会”？其实我的意思就是指“时时刻刻”，现在，你就可以打通电话和他说声“谢谢”了。

负贵人

有正贵人，当然就有负贵人。你一定会说，以前没听过什么叫负贵人啊！是的，因为当时你不把他们叫负贵人，你可能称他们是“烂人”“坏人”“魔鬼”，从不曾称他们为贵人。

但仔细想想，要不是那个讨厌的甲君，每天气焰嚣张，一副不可一世的样子，也不会刺激我想要提升业绩，压过他的气焰。你说，是不是该感谢他？

要不是那个凶巴巴的主管，经常骂我，我也不会逐步改正业务上的错误，在一年内提升自己的业绩达两倍。你说，是不是该感谢他？

还有，要不是那位挑剔的客人，三天两头就刁难我，我也不会养成对产品精益求精的要求，到今天别人都称赞我提供的产品及服务零缺点。你说，是不是该感谢他？

在职场上，永远都是人与人的不断互动。他们有的帮助你、激励你，让你成长；有的骂你、瞧不起你、排斥你，但最终结果也带给你正面的成长。甚至有时候，负贵人的影响力比正贵人还大，毕竟他们下的药比较重，是在用大力刺激让你一下子就功力倍强，所以比温情主义的称赞见效速度还要快。不论对正贵人还是负贵人，都要心存感谢，这样你才能更平顺地进入新的职场境界。

不要只强调没有功劳也有苦劳，要讲求工作方法及效率

在职场上会有很多的迷思，其中最普遍的一个现象，相信你在生活中也常常遇到，甚至你本人就是这种人。那就是：当一件事情完成后，不去问对错或执行成效，而是先说你有多辛苦！最常听到的一句话：“这件事，我没功劳也有苦劳，没苦劳也有疲劳啊！”

我访问过许多老板和高级经理人，他们最讨厌听到的话之一就是这句话。老板都很讨厌员工跟他邀功，特别是明明事情做得不好，却还要以“辛苦”来卸责。这世界上并不是所有的老板都有虐待狂，与其要你们累死，他们更关心

的是公司是否获利。一个做事没效率、业绩差的人还来邀功，只会让他们反感；而且，他们也怕你提“疲劳”二字，你若因工作累病了，还得老板掏医药费，那可万万不妥。

常看见两种人：一种是觉得自己能力平平，真的害怕失业，于是就想用辛苦工作来“将功赎罪”；一种是人生没目标，个人家庭没建设好，人生中也没有其他成就，于是就把工作当作逃避的方式，常常熬夜加班。如果绩效好也就罢了，但这些常加班、常“卖命”工作的人，其实工作中并没有取得什么成就。反倒身体状况一堆，还要牵累公司，可以说是公司不欢迎的族群之一。一个可以用更好、更快、更新、更多、更省的方式完成工作的人，绝对比只有辛劳没功劳的人有价值。所以我们工作最重要还是讲求效率和方法。并且记住一个观念：辛苦是一种状态，但辛苦不是一种成就。

压力是自我成长的要素，要学习用压力来激发潜力

人们常说压力是现代人的文明病。很多人会因为压力太大而每天去看医生。压力是什么呢？压力是一种危机感，是一种恐惧，压力是无处不在的。穷人有压力，富人同样有压力。比如，今天你有一份工作，你可能会时常担心任务没完成，担心被老板骂；但反过来，若今天你没有工作，那又是另一种压力了，你担心再找不到工作会没饭吃。所以：压力是无处不在的，端看你怎样化解压力。

最常见的化解压力的方法，就是努力把危机解除。客户要你今天交货，你在交货前几天就开始有压力了，为了化解压力，你的做法是盯紧进度，让各部门加快脚步，准时让今天可以出货。人人都有压力，职场上也一定会遇到压力，

事实上可以这么说：老板付钱给你，就是要你帮他承担压力。

公司的营运包括各个环节，环环相扣才能有正确的产出，在这个过程中每个环节都会有压力，没压力老板干吗付你薪水？在职场上，我们要学习如何把压力变为潜力。我们经常听到两种应对职场压力的能力：

（1）IQ——没有处理事情的智商，如何专业地把事情落实解决？

（2）EQ——没有好的情绪管理，怎么面对压力？

很多人IQ很高，面试时的文凭很漂亮。可惜EQ不高，遇到事情就害怕，就容易放弃，如果一碰到状况就不知所措，那么什么事都做不成。与其找个学问高却不成事的博士，那还不如找一个懂得不多、但多少还可以做事的高中毕业生。

除了要做好情绪管理外，还要做好道德管理。有的人一遇到状况，操守就出问题。社会上有很多做坏事的人学历并不低，其中包括硕士、博士，高学历反而让他们做的坏事更严重。在职场上，要学习的除了专业知识外，还要培养自己的EQ以及各种正面的心理素质。常听到一句老话，赛跑比的不是谁跑得快，而是谁的耐力更持久。

◆职场案例分享

甲公司是一家生产二级加工原料的电子厂，有几个厂房正依订单时程，分三班运作着。

这天在业务部办公室里，只见年轻的员工阿华像发生了什么大事般，急急忙忙地冲进来大声嚷嚷：“惨了，惨了，我刚听说乙公司要退掉我们的订单，因为我们的报价太高了，他们老板很不爽。”

看到阿华紧张的样子，现场的其他员工也紧张起来了。因为乙公司是甲公司的一级客户，是不好得罪的。也多亏阿华这个热血青年，不但工作勤奋，还懂得拓展人脉，经常去参与同行业务聚会，所以探听到这个重大消息。

面对这样的危机，阿华和其他员工都看着资深业务主管阿龙，想看他怎么解决。只见阿龙一边慢条斯理地喝着咖啡，一边研究一份最新的产业报告，相对阿华的紧张兮兮，他却一副没什么大不了的样子。看到主管这样，阿华追问道："请问长官，现在怎么办啊？"此时阿龙好整以暇地放下杯子，然后对大家说："这件事我来处理，你们不要紧张。"大家看主管都不紧张，心想应该没什么事，便都回到自己的岗位继续做事。

后来阿龙的处理方式是什么呢？他的处理方式是：什么都不做。

到了该交货的时间，甲公司正常地把货交给乙公司，中间什么事情都没有发生。

后来有一天阿华忍不住了，去请教主管阿龙。阿龙这才以过来人的身份跟他解释："阿华啊，你是年轻人，充满热血，这是你的优点，但你太情绪化了，容易被人利用。其实在职场上，有些事不用处理，它就会自己解决；你越想去解决，反而问题会越弄越大。以这次的事件来说，其实你是被利用了！因为竞争对手知道你是冲动的年轻人，也知道你常参加业务聚会，就故意放话出来造成你的紧张，若你被他吓到了，真的要公司降价，那他们可捞到好处了；或者，至少会引起你的恐慌，那也打击了公司士气。像那天你紧张兮兮地冲进来，不就因此吓到大家了吗？我已经洞察竞争对手的阴谋，以不变应万变，你看现在不是没事了吗？”

阿华因此上了一课，了解到了提升 EQ 的重要，遇到事情不慌张，这才是成熟的员工。

职场就像是一条跑道，但这是个马拉松跑道，而不是短跑跑道。年轻人如果只靠热血可能一开始冲得快，前几公里抢第一，但冲到后面就没力气了，眼见后来的人一个个追上并超越他，而他只能累倒在路旁，无能为力。

好的 EQ 有助你化解压力，也是你持续前进的动力。

不断经营自己，成为高附加价值的人才，才不会被淘汰

人才，这其实是古代的说法。因为古时候科举取士，一切以考试为评量，那些要当官要有所成就的人，都要经过秀才的阶段，所以当时的朝廷要找人才。

现代则应该说人财。因为对公司来讲，招考进来的人，是要可以帮他带来钱财的人，若只是聪明会读书，或者虽有专业能力，却不能帮老板赚钱的，那就不是老板要找的人。

今天在职场上，要评估自己是不是有用的人，不是问自己是不是学富五车的人才，而是问自己是不是可帮公司赚钱的人财。也就是说：

能不能在一家公司不被淘汰，该问的不是老板，而是你自己。

要成为人才和人财，最基本的就是适才适所。前面曾提过五种类型的职场人，每种类型都有自己的特性，顺应自己的特性发展，就可以创造价值，让自

已在职场上立于不败之地。例如：

老板型的人要善用自己的强势和独自作业能力，可以朝创业和主动开发型的工作发展。或许有人会问，一个职场新人如果是老板型的，但他没有经验该怎么发展？其实，这社会上有很多没经验的人也能够创业，可以从最简单的摆地摊开始；另外，现在流行的微型创业也很适合这类人。

分析型的人比较适合做财务会计，他们很重视内稽内控，结合好的操守，正是现代企业最需要的把关人才。比如，一家企业有规定的请款原则，超过几万元的要到哪个层级才有权限。分析型的人可以做好把关工作，不合规定，就不给盖章，再怎么恐吓或求情都没有用。这种人能帮公司守住财库，公司的钱才不会被乱花掉。

互动型的人步调快，比较外向，一家公司的业务部或客户服务部，一定要有这样的人才。他们最拿手的不是面对产品，而是面对人，很容易就能把人搞定是他们的特色；他们互动能力很强，一句话能使人笑，一句话也能使人跳。

至于支援型的人，就是配合其他人需要的类型，所以比较适合后勤、总务、研发、计算机等工作。他们的特质是只想扮演配角，若要他们当主角，他们还会怕呢！当支援型的人在公司达到一定资历后，老板要给他们升官，他们反而不愿意，他宁愿当幕僚，薪水一样多，也不用扛较大的责任。

在职场中懂得善用不同类型的职场人，使他们的特质加以发挥，就可以在职场上立于不败之地。

◆职场案例分享

我本身的特质是偏向创业型的，学生时代为了分担家计，就已经开始和朋友合作，批成衣到台大公馆夜市去卖。别以为摆地摊只是人坐在地摊上，顶吆喝一下，等人来买就好。其实摆地摊跟其他事业一样，也需要动脑筋，也是有窍门的。

当年的成衣贸易商看我年轻肯做事，就好心地跟我分享销售秘诀：

当时我批了两批成衣，一批是市价五百元，一批是两百元。

贸易商问：“你打算怎么卖？”

我说：“我会把五百元的放一边，两百元的放另一边，让客人自己决定是要买五百元的，还是买两百的元。”

贸易商说：“你这是传统卖法，没效率。来，我教你。你把这两批货的价格不是标五百和两百，而是要标五百和及四百。这是心理学。因为当客人来买衣服时，一摸两种不同质料看起来差很多，但价格却只差一百元，如果你是客人你会买哪种？一定买五百元的，因为价格只差一百元，却能买到更好的，心里直觉得赚到了。于是，很快地因为对比效应，五百元的衣服一下子就卖光了。接着你再高喊大减价，把本来两百元但被你故意标四百元的衣服，现在都挂回原价两百元。这时，客人发现原本四百元的衣服一口气降到了两百，不买太可惜了，于是就又纷纷回头来买，如此一来，你两百元的衣服也就销售一空了。”

这就是运用心理学来做销售，但做这种判断需要灵活应变，并且要能够坦然面对客户，这也是老板型的人很适合的工作。

第7章

步步高升也要有技巧

出来工作的人，都有不同的需求。大家都知道马斯洛的需求层次理论：生理需求、安全需求、社会需求、尊重需求和自我实现需求。这个需求层次理论也可以充分应用到职场上。主管包含许多学问，如领导、分配、掌控、表达、沟通等。但不论是哪一件事，最终目的都是要“让任务达成”。

晋升主管

现代人所处的社会有比较健全的社会制度，而且大环境还可以，一般人不至于流落街头，吃不饱穿不暖，所以一个人刚进入社会开始找工作时，主要是为了满足安全需求，说白了就是要有钱过日子。

但随着工作的稳定，就会有社会需求和尊重需求。也许担任基层员工或基层主管也可以满足社交需求；但在尊重需求上会有所不足，总觉得至少要到主管的位置，才会有点“地位”。

至于自我实现需求，其另一种说法就是“功成名就”，那就更得担任高级的职位才能做到。因此，在各行各业，人们总是想步步高升，最常用的评量方式就是担任带人的主管，例如，一般公司的级别划分是组长、主任、课长、经理，管的人越多，责任越重，也越能得到尊重和自我满足。但也有不带人的晋升方式，例如，有的人不喜欢或不善于管理人，那么他可以担任高级幕僚或高品级的职位，比如国家机关就有职务级别的划分；也有做专业人士的，例如，科学家、学者等；另外，还有其他的晋升方式，例如从讲师、助理教授、副教授一路升到正教授。

本章就来告诉您，如何能在职场上步步高升。

什么样的人才能当主管

其实，不一定资历深的就能当主管，也不一定专业技能好的就能当主管。虽说主管职位经常被视作一种奖赏，但其实主管职位本身是另一种专业领域，甚至可以说“做主管”的专业远胜过原本工作领域的专业。最常被用来当作例子的就是三国的刘备。大家都知道，刘备这个人，论武功远远比不上关羽、张飞，他甚至算不上是位武将；论谋略完全无法和孔明、徐庶相比；至于其他方面，例如：后勤管理、撰写文书，他似乎也没有一项专精。但是刘备最大的专长就是当“领导人”，领导着这些人。

主管包含许多学问，如领导、分配、掌控、表达、沟通等。但不论是哪一件事，最终目的都是要“让任务达成”。如何让任务达成呢？其实，评判一个主管做得好不好、能不能胜任，就看两件事：

他必须 Do the Things Right（把事情做对）；

更须 Do the Right Things（做对的事情）。

若将以上两句话各简化成两个字，那就是效率和效果。

管理重点	管理定义	管理描述	管理主旨
效率	Do the Things Right.	把事情做对	方法
效果	Do the Right Things.	做对的事情	方向

其实，效率和效果是公司对每个职场人的基本要求。从前是上级交付命令，你去完成。如今你若担任主管，你就不能只是在第一线执行工作，还必须判断两件大事：

1. 决定要做什么事

这包含两个层面：第一，什么事是重要的，必须要去做；第二，在所有重要的事中，哪些要先做，也就是要定出优先级。

你要 Do the Right Things，问题是，你要懂得判断什么叫 Right Thing。

2. 决定如何做好这件事

请记住：做事不是重点，“做好”才是重点。要完成一件事，可能有很多种方法，你要如何选定一种方法并且分配下属去完成呢？

所谓 Do the Things Right，你要知道如何达到这个 Right。

主管不好当，所以很多专业人士或是在工作上表现很好的资深老员工明明有资格，却完全没意愿要接主管职。因为只要想象：当下面有好几双眼睛都在等着你吩咐什么是 Right Things，又怎样让 Things Right，就足以让他们望之却步。

但人总要突破自己才能更上一层楼。想要当主管，这里先问你，前面说的Do the Right Things 和 Do the Things Right 何者更重要？换个方式问，你觉得作为一个管理人，是方向重要，还是方法重要？显而易见，是方向重要。

这就好比你要开车去某个地方，你在出发前一定要先确定你要去哪里，之后再来考虑你开车技术好不好，或者怎样到达目的地。同样地，一家公司有自己的政策以及配合市场所定的当季目标，这部分先确定了，才能分配工作，确定做事的方法。

许多做技术出身的人刚接任主管工作时，常犯的一种错误就是先管方法，而忽略了方向。原因无他，因为技术是他们的专长，管理还不擅长，他们理所当然地就先朝技术（也就是方法）前进。例如，老李是业务老手，几年来都是公司的业绩冠军，他当主管后，下的命令就是全体继续冲业务，问题是他没有去了解公司的业务目标以及其他产能及营销政策的配合，一味地冲，只会浪费大量人力。再如，搞研发出身的人当主管后，就只将工作重心放在提供更好的产品上，而忘了产品是要结合公司的产销及财务来做综合考量的。所以，从专业技术人员，要成为主管，必须有完全不同的思维。

如何提升效率，当好主管

方向就是效果，方法就是效率。所以你常常听到主管骂人，说某某做事的方法很没效率，但他不会说方向很没有效率。如何决定方向是一种学问，职位越高，决定方向的比重越大。当你是基层主管时，你可能只需在小范围内决定方向，或者你的方向已经是中级主管向你下的指令，你只要往下传达就好。但到了中级主管时，你要决定的方向层面就比较大。而到了高级主管，乃至于你成为老板或总经理时，就真的要负责全公司的营运方向，那就真是重责大任。常听有人说，别看当老板的都吃香喝辣，位高权重，他们背负的压力其实是难以想象的；而这所谓的压力，通常指的就是“决定公司方向”的压力。

如果说，如何决定方向，每个层级主管都会有所不同的话，那如何做事有效率，就是各级主管的基本功了。主管要如何能把事情做得有效率，其实关键就是两点：

第一，如何做好领导；

第二，如何做好管理。

如同前面问过的方向和方法哪一个重要，这里也要问：领导和管理哪个重要？以重要度来说，两个都很重要；但以优先度来说，绝对是领导优先于管理。简单来说：

身为主管，要带领下属去做对的事情，就叫作领导。

身为主管，要带领下属去把事情做对，就叫作管理。

如何评定是不是好主管，只要看绩效就好。以前你是专业的基层员工，一份工作交给你，你可以做到 100 分。现在升你当主管，让你带领团队，理论上，以前你 100 分，现在绝对要超过 100 分，不然最起码也要打平，和从前一样 100 分。结果答案出来了，总成绩是 80 分！为什么你带领团队所做出来的成绩，比你自己单打独斗还糟？原因有两个：

第一，你可能不适合做主管，因为你不懂领导。的确，不是人人都懂得领导，那不只是一门学问，也牵涉到个人魅力。若你实在不适合当主管，也不要气馁，就算当幕僚或高级专业人士也同样可以很有成就。

第二，你的管理方法错误，这是最常见的情况。做一项工作，原本你自己可以做得很好，但现在你要花大部分时间去教导部属，结果他们做错了，反倒拖累了你，把你的成绩拉下来，因此才会有前述80分的状况。

这种情况若在一个人最初担任主管时发生，还算正常，算是过渡期，若能顺利渡过，成功带领下属一起升级，那团队的成绩绝对可以超过100分，达到120、150，甚至200分。重点在于过渡期要多久？

另一种糟糕的情况是：主管对下属采取放任态度，不带领下属，只是拓展自己的业绩，所以团体成绩还是100分。只不过，以前是他一个人100分，现在整个团队才100分，那就是最不及格的主管。

无论你身为何级主管，都要学会对下属问以下5个问题：

第一，目标为何没法完成，你认为该怎么办？

第二，活动为何没法达到预期效果，你认为该怎么办？

第三，工作进度一延再延，你认为该怎么办？

第四，整体业绩不彰，你认为该怎么办？

第五，个人表现不佳，你认为该怎么办？

以前我在很多企业担任主管和企业顾问时，当我问下面的主管这五个问题时，常常听到一些让人血压飙高的回答：

我问："目标为何没法完成，你认为该怎么办？"

底下人回答："老板，因为市场不景气。"

我就是知道市场不景气，才找你们冲业绩的；你反而告诉我，目标没法完成是因为市场不好。这就好像你生病了去看医生，看完医生后身体还是不舒服，于是你问医生："为何我身体还是不舒服？"医生回答："因为你生病了。"

这就是不负责的答案。如果景气好到东西轻轻松松就可以卖出去，那我随便找个人来都可以有销售业绩，就不用请专业的销售人员了。

我问："活动为何没法达到预期，你认为该怎么办？"

底下人回答："报告老板，公司给的资源不够。"

这也是典型的糟糕的回答。每一家公司都面临很大的挑战，资源都有限，但老板欲望无穷，他们希望员工可以将 1 块钱创造出 2 块钱的绩效。结果你现在反而说："资源不够。"那我反问你，如果公司现在可以用一千万或两千万打广告，那就直接花钱外包好了，还需要用专业经理人吗？

我问："工作进度一延再延，你认为该怎么办？"

底下人回答："报告老板，不是我们的进度慢，是别的部门不配合。"

这也是一种不负责的态度，自己不反省，却怪别的部门。任何一家公司都需要团队合作。所谓合作，包含有效沟通、进度协调以及整体资源分配，这些都是主管需设法解决的。所以，如果你认为是别的部门影响了你部门的进度，就表示你这个主管是失职的。

我问："公司业绩不彰，你认为该怎么办？"

底下人说："报告老板，因为我下面那些业务员专业素质不够。"

听到这样的回答，我很好奇，请问你下面这些业务员是谁找来的？不都是你们这些主管找来的吗？不也是你们培训的吗？现在他们表现不好，不说自己领导能力差，却把责任推给下属。这是非常没有担当的行为。或者有人说："老板，当初招人时你也面试了，是不是我找的人你都没审核？"那我不禁要问：老板请主管来是做什么的？若凡事都要老板亲力亲为，那还需要你做什么？以鸿海集团为例，鸿海集团有成千上万人，难道每个人面试都要郭台铭先生亲自来做吗？

我问：“个人表现不佳，你认为该怎么办？”

底下人说：“报告老板，因为你没把我管好。”

当听到这样的回答时，我也只能说，看来你只能当回基层员工了。所谓主管，就是要有担当，能够分担老板的压力，管理好下属，当然更要管理好自己。现在你把自己的格调降低，等着别人来管你。那别无他法，只能把这样的主管降职了。

以上这些问答，有些听起来像是笑话。但不幸地，这些都是真实的案例，并且是经常出现的案例。试问自己，若有朝一日你担任主管，你的回答会像他们一样吗？那你应该就知道自己适不适合当主管了。

怎样的人不适合当主管

主管常犯的两个错是：第一，态度不好；第二，能力不好。

前面举的几个例子中的主管能力不好，态度也有问题。这类主管，当出状况时，借口永远比方法多。有一句名言：

若肯做，每件事一定找得到成功的方法；若不肯做，每件事也一定找得到失败的借口。

在心态上，主管常犯三种错误，就是所谓的“三不”：不主动、不去学、不负责。

不主动

很多主管都抱着多一事不如少一事的心态，不会主动找问题，特别是那种刚由基层员工升上主管的人，通常会有这样的毛病。因为以前他们都是等候命令，然后执行命令，现在他们虽然担任了主管，但内心里还存着下属心态：上面有交办的事再说，若没交办就继续各做各的。

这种主管最讨厌下属来找他。在以前，国家机关就常有这种情况，主管是按照年资升上去的，国家机关工作也都是制式的，一切事情萧规曹随，照组织规定，整个系统像个庞大的僵尸，这也是以前国家机关作业最让人诟病的地方。在民间企业，若担任主管的人有这种“最好什么问题都没有，天下太平”的心态，那这企业就完了。因为以某种角度来说，企业要想存活，就是要灵活。当市场一片平静时，你要创造新局面，这样才有新的竞争力。若只是照本宣科，和以前一样处理日常任务，头痛医头，脚痛医脚，那么企业将失去竞争力。一个企业，这样的主管越多，企业越没有希望。

不学习

从基层员工变成主管，你多了什么东西？不只多了薪水，也多了责任。事实上，整个工作的价值观都要改变。

一个主管要会的东西必须很多：

专业上，你必须懂得更深入、更全面，这样下属碰到问题时，你才能解决。

领导管理上，你要学会如何带人，如何让事情的完成度更高、更有效率。甚至从格局上，你要学会从老板的角度看事情，要了解公司所属产业的发展新状况，了解趋势。

总之，身为主管一定要多学习。但我经常看到这样的人，虽然从员工变成了主管，但还是和以前一样，平常也不提升自己，只不过现在多了下面的人会来问问题。一个不上进的主管，常常会变成一个好好先生。

比如，今天老板交代一个目标政策，问："我们提高广告预算，你认为好吗？"好的主管此时应该进行分析，表达自己的意见并告诉老板：广告预算不宜提高，因为效果有限等。但好好先生就只会说："是是是，老板你说的是。"

今天下属呈上一个提案，建议团队怎样做，一个好的主管应该仔细评估，并适时称赞下属或者指导下属，但好好先生就会说："好好好，就照这样做。"

一个好好先生，要老板交代了事情才去做，老板没交代，就永远不会找问题来解决。一个好好先生，也常反被下属牵着鼻子走，既是个鸵鸟心态的滥好人，也是个无能的橡皮图章。公司最不需要的就是这种人，可以把其比喻成古代皇帝跟前的佞臣，他们只会粉饰太平，没有丝毫治国的本事。一个公司里，只有有人提出问题，才能不断地改进。什么叫没问题？什么都说没问题，那就是有问题。

一个公司里如果都是"好好先生"型主管，那这家公司的前途就堪忧了。

不负责

比起前面两种主管状态，不负责的状态更糟。可叹的是，现代企业里有很多主管同时具备这三个缺点。可以这样描述他们的形象：平常我的做事态度就是不主动；但你来找我，我也不拒绝；若出了事，我也不负责。

不负责的主管有很多种。传统定义里的不负责是，主管带领团队做事情，一旦出了事，就把问题都推给底下的人，这是典型的不负责。还有一种不负责的主管，是不喜欢授权。所有的任务都自己亲自做，那也是不负责。他不肯授权给下属做，是因为他认为：若下属做不好，老板骂的还是我，那与其这样，我为何不自己做？就算做不好被惩罚，我也心甘情愿。这种人格局气量非常狭小，非常不适合当主管。他既不信任下属，不让下属有更多的磨炼机会，也害怕担责任。

第8章

主管学，大不易

好的主管要善于沟通，此处的沟通强调的是“态度”的沟通，通过日常行为和言语表现自己的向心力以及忠诚度；一个好的主管，一定要懂得收敛锋芒，不能一个人居功，态度绝对要低调。老板最忌讳主管动不动就说：“公司现在有这样的成就，都是‘我’的功劳。”

在职场上做个创造价值的人

工作的目的是什么？无非是达到人生价值的自我实现，以古人的说法就是光耀门楣。对许多人来说，在职场奋斗一辈子能赚多少钱还是其次，最希望的是有个亮得出来的名片，挂个响当当的头衔，当在社交场合时，表面上虽谦虚说没什么成就，但听到人家喊自己经理、总监……心里还是十分开心的。

主管好当吗？主管并不好当。我经常看到这样的情况：当一个人身为基层员工时，会兢兢业业、谨守本分，过着平凡、快乐的日子；而升了主管后，才高兴了一年半载，就因为不适任而惨遭开除。但毕竟是已经当上主管的人，若再降回基层员工，就是一种侮辱，与其如此，不如就直接请他走人。结果，原本基层员工当得好好的，反倒是升官后，接着就失业了。所谓“高处不胜寒”就是很好的写照。但我们不能因噎废食，人生终究还是要学着当主管，本章就带你一起学习如何当好主管，共同分享主管学这门科目。

什么是你的价值

经过了一段职场历练，也经过了岁月的洗礼，如今你可能已经是几个孩子的爸爸，鬓发已经斑白，在公司也是讲话有分量的主管；或者你少年有成，才30多岁就坐上人人称羡的管理职位。但是，如同前面所说的，处于这样的位置有人会感到“高处不胜寒”。为什么呢？因为怕被取代。一个人在什么状况下会被取代？很简单，职场是现实的，有人比你有“价值”时，你就可能被取代。至于什么职场革命情感、什么你和老总几十年的交情，都只是脆弱的靠山。

甲会被乙取代，一定因为乙比甲能干。比如，一个公司老将，体力已衰退，业绩不如前，或者观念死板，都已经是智能型手机的时代，还不懂得用通讯软件沟通，那只要年轻一辈里有优秀的人才出头，就可以取代他。再者，即便你能力顶尖，但公司评估你的“经济效益”，觉得聘雇你不划算时，你也会地位不保。举例来说，一个资深主管，月薪8万，业绩能力每月100万，但底下有优秀的业务员，业绩能力每月80万，月薪只要5万。以数字来计算，公司会要两个月薪5万的业务员，薪水共10万，但业绩160万；还是会要月薪8万，但业绩100万的主管呢？可见，保住自己的地位的不二法门，就是让自己成为对公司是“有价值的人”。

以下4个方面是每个职场人要时时在心中自我警惕，也需要不断自我提升的。

能力

现在公司老板通常不是找专才，而是要找通才。所以每个人基本的自我要求是：

别人懂的我要懂，别人不懂的我更要懂。

一个职场人时时切记在心中的自我反省

过去	学校技能	★我的学校所学是否能在工作上派得上用场？ ★我能否将所学专长结合现在的工作？
	基本技能	★我的基本专长技能是不是保持在最专业的状态？ ★我是否时时去了解这个领域的最新发展？
现在	职场技能	★把我的工作做好该具备哪些能力？ ★在同行中，我的工作表现够亮眼吗？是否有提升的空间？
	互动技能	★为了做好部门沟通，我必须具备什么技能？ ★要让工作更加得心应手，我必须辅以什么技能？
未来	升迁技能	★如果我有机会升迁，那我应该具备什么技能？ ★要升为高级管理人，我该具备什么技能？
	未来技能	★未来的趋势是什么，我现在该学习什么新技能？ ★迎接未来挑战，公司会需要我增加什么技能？

任何时刻都要问自己：
* 公司为何要雇用我，我对公司有什么价值？
* 如果公司未来要进一步提升我，我该如何为公司创造价值？

兴趣

每个人都有自己的兴趣，也就是自己喜欢的领域。但其实兴趣有两种：一种是天生的兴趣，一种是后天的兴趣。天生的兴趣，比如阅读、唱歌、画画等，若这些天生的兴趣可以辅佐你的职业，那很好；若不能，也可作为日常生活的休闲。但后天的兴趣绝对是培养出来的。试问，有人天生就喜欢计算机吗？不可能！因为计算机是最近二三十年才发展出来的，在人类历史上，几千年都没有这个项目，也不会有人天生对计算机有兴趣；更不会有人天生对销售智能手机、有机蔬果以及行车纪录器等有兴趣，因为这些都是近些年才发展出来的东西。

兴趣，是从无到有培养出来的。我们更应该培养对你所做工作的兴趣。很多人为何找了一份高薪工作却做不长久，那是因为他们当初只看到这份工作钱多事少离家近，而当他真正开始工作时，却发现对这份工作并没有兴趣。所以就辞职，再找工作。但要找到完全符合兴趣的是很难的，与其硬要职业符合你的兴趣，倒不如放开自己的心胸，去接触更多的职场可能性。

要如何培养兴趣呢？首先让自己懂得学习的多元化。告诉自己：没有知识也要有常识，没有常识也要常看电视，没时间看电视也要找时间逛夜市，就是要多听、多看、多学。

在职场上，公司最关心的不是你的兴趣，而是你因为兴趣而产生的热诚。公司不一定知道你是不是对这份工作有兴趣，但绝对看得出你对这份工作有没有热诚。所有老板都希望员工热爱自己的工作，最高境界是工作和生活可以结合。比如，我有个朋友是卖瓷砖的，平日和朋友聚会，就会职业病发作，对每家餐厅的瓷砖品头论足一番。虽然他常被人嘲笑"又来了""不要把职场毛病带到朋友聚会来"。但想想，如果你是老板会不会重用这样的员工？肯定会的，那么热爱自己工作的人，怎能不好好重用？

当公司碰到经济困境需要节流，或者公司转型需要做组织调整时，什么人会最先被解雇？依照我在职场多年的经验来讲，绝对是心态有问题的人先被解雇。什么叫心态有问题？就是那些抱着"钱多事少离家近"心态来上班的人，那些只关心薪水而不是真的用心工作上的人，一定是老板优先要淘汰的人。

这里顺便提一下，老板想解雇的人排名第二的，就是那些年资高、薪水高，但观念无法转变的人。虽然他们对公司有贡献，和老板也有一定的情感，但为了公司的生存，有时候也不得不舍弃。用这些人成本高，却难以培训，毕竟"你可以把牛拉到河边，但无法强迫它喝水"。如果观念无法转变，就会成为公司的负担。

价值观

有时候和职场上的朋友聊天，会听到很多无奈的对话。

"我一点儿都不喜欢我们公司的产品，但为了保住工作，每天还是得笑脸迎人。""一进公司我的心情就很不好，但为了养家活口，只得忍下去……"

我听了非常讶异。一个人怎么可以让自己如此虚假且痛苦地活着？或许有人会抗议，工作难找，人人都为了五斗米折腰，我何需太清高？但我真觉得要做一份工作，不做则已，要做就要真心投入，这不只是对自己负责，也是对客户负责。

简单地讲，就是你要认同公司做的事，若公司做的事你不认同，那你来公司做什么？职场和家庭不一样，许多人会错把私领域的观念带到职场上来。在家庭里，老爸和儿子的观念不同，但彼此有血缘关系，还是一家人；或是在朋友聚会场合里，你我的理念不合，但各自尊重对方也不影响交情。然而，职场就如同部队一样，你要加入，就要百分之百地认同。如果部队去打仗，士兵却不认同自己的战斗理念，那仗要如何打？同样地，公司聘请你，你若一开始就不赞同这家公司的理念，那就不该浪费彼此的时间，不应该一边领着人家的薪水，一边心不甘、情不愿地做事，并且搬弄是非，和同事说公司的坏话。这不只是没有职业道德，事实上，也失去了自己的人格。

所谓认同，主要就是指认同公司的“愿景”和“使命”。我问过许多职场朋友，很多人不清楚什么是愿景和使命。举例来说，公司希望在2015年成为亚洲最大的纺织公司，这就是愿景。公司已勾勒出了未来的蓝图，这是公司打算带领全体员工努力的目标。但有了蓝图，有了愿景后，要怎么做呢？公司接着说：“我们要给顾客最大的承诺，就是做好顾客服务；我们要让客户知道，我们最重视的不是卖的数量有多少，而是顾客对我们的满意度有多高，我们的使命就是永续不停地提供顾客需要的服务。”这就是使命。所以可以说，使命就是要达到目标的方法。

同样的愿景，不同的公司会有不同的使命。

举例来说，甲公司和乙公司都想让自己成为亚洲最大的纺织公司，但甲公司的使命是“全力做好顾客服务”，乙公司的使命是“技术领先，追求质量卓越”。使命不同，就代表公司的经营策略不同，也代表着管理风格以及公司文化的不同。我们每个人到一家公司上班，最重要的就是要认识公司的文化并加以认同。基本上公司的价值观都是正面导向的，很少和个人理念会有严重的冲突，但仍不免有时会有冲突的情况。比如公司重视产能，不重视环保，而你的价值观是绿能环保，那你就不该勉强自己待在这家公司；或者公司文化重男轻女，若你是排斥男性沙文主义的人，也建议你尽快另谋高就，否则待得越久，就会越不愉快。

一家公司一定要有清楚的使命和愿景，否则就是一家混沌不明的公司。当老板喊出他的愿景时，也会一起带出整个公司的目标、使命、策略；与此同时，公司也等于在和你喊话：“我们是这样的一家公司，请你要牢记，不要再犹疑了，就全心跟着公司的脚步走吧！”

性格

每个人都有自己的性格，每种性格都有优缺点，并衍伸出相对应的风格，性格没有绝对的好坏，关键在于如何善用自己的个性与风格。初入职场时以及刚在职场打拼的前几年，每个人都像是受训的新兵，都是在不断地磨炼自己，此时较难展现自己的风格，然而从担任初阶主管开始，到以后的不断提升，每个人的管理风格就会凸显出来。

从整体来看，职场上的主管类型，可以用下面的坐标象限图来表示：

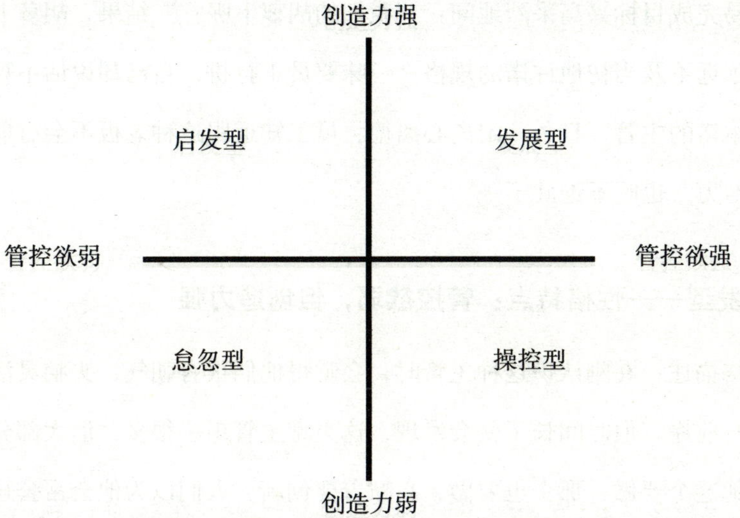

操控型——性格特点：管控欲强，但创造力弱

性格描述：这种主管对员工非常不信任，凡事都要自己掌控才安心，所以非常喜欢开会，也喜欢叫员工写报告。开会，是因为他要“教导”员工怎么做事；写报告，是因为他要看员工是否照他吩咐的做。身为这类主管的下属，会疲于奔命，工作时间很长，但许多时间都用在开会和写报告上。

怠忽型——性格特点：管控欲弱，创造力也弱

性格描述：这种主管超级爱画大饼，擅长拿着胡萝卜指挥员工。他可能兴致高昂地对大家宣布：“同事们努力吧！只要完成目标，大家年终奖金可以多发两个月。”但他只负责摇旗呐喊，并不做指导和培训，而是经常放牛吃草，要员工自己看着办。结果在冲刺业绩过程中，有很多员工阵亡了，而仍存活的好不容易完成目标兴高采烈地问：“我们的胡萝卜呢？”结果，胡萝卜给是给了，却远远不及当初他许诺的规格。一味要员工打拼，自己却说话不算话，这种不重承诺的主管，日久一定离心离德，员工知道跟这种老板不会有前途的，再怎么努力，也吃不饱肚子。

启发型——性格特点：管控欲弱，但创造力强

性格描述：在刚认识这种主管时，会觉得他们很有朝气，头脑灵活，跟着他一定有前途。但时间长了就会发现，这类型主管想法很多，但大部分都不切实际。他这个要做，那个也要做，高喊着要创新，人们以为他会帮公司创造下蛋的金鸡母，结果却只留下一堆屎，总让公司帮他擦屁股。

这种类型的主管通常来自两种情况：第一种情况，是公司由外面挖角。这种外来的人根本不了解公司文化，却又想新官上任三把火，想争功，在未深入研究公司的具体情况下，往往想直接把别家公司的优点和经验移过来。可惜每家公司的文化不一样，硬要复制别人的成功模式，只会得不偿失。

第二种情况，是由别的部门主管升迁到另一个部门当高阶主管，例如财务部门的晋升到业务部门当主管。两个部门的性质不一样。在业界我看到过两种极端：一种是一个能力强的主管可以借重不同部门的经验，带给下属不同的思维，开创新的可能，这种情形其实比较少见；更常见的是另一种极端：就是只求创新，没能抓住不同部门的不同属性，最后“变”的结果，只是给公司带来灾难。

发展型——性格特点：管控欲强，创造力也强

性格描述：是能创新又懂管理的最优质主管类型，他们可以给下属一个明确的可达成的工作目标，并且能够做好工作分配以及适当的培训。这一类型主管的另一个重要特色，就是他们可以做一个很好的沟通桥梁，一方面为员工争取足够的资源，并传达公司的使命愿景；另一方面他们会以优异的领导才能带领团队为公司带来业绩的增长，回馈公司。

其实，这是做主管很高的境界，特别是随着时代的变迁，一代又一代的青年自主性越来越高，以往威权式的管理较难做到让团队心服口服。所谓“带兵要带心”，现今的主管，既要做员工的上司，也要当他们的朋友；在他们碰到困惑时，还要成为他们的老师；当他们碰到挫折时甚至要扮演父兄的角色，不论扮演哪种身份，最重要的一件事就是“沟通”。

一个典型的发展型主管，一定是能够和公司高层维持良好关系的人。而公司为何信任他？一定是因为他的表现让公司放心，所谓“鱼帮水，水帮鱼”，工作就像战争，我们在组织里计划打仗，就需要资源，若平日有好的沟通，战时就可以优先取得资源。

管理风格是可以调整的。以前面的“主管类型坐标象限图”来看，一个操控型的人，只要愿意适度授权，让员工多参与讨论，发表意见，是可以逐步调整为发展型主管的。同理，启发型的人在天马行空发挥想象时，能静一下多想想可行性；而怠忽型的人多投入些心力来训练员工，并且提出具体可行的方案，都是有调整空间的。但这里要说明，没有哪一类型的主管一定是最优秀的，要看不同产业、不同情况。例如，在一些竞争严峻的产业，经济不景气，当公司碰到难关时，一个操控型的主管通过军事化管理，有可能以严格的纪律带领公司渡过难关；但如果是文创导向的企业，可能强调公司文化要活泼，那么主管就需要多一点儿启发型的风格。无论哪种风格，平日都要加强沟通，这样才能有助于工作的顺利开展。

主管是一门终身的学问

放眼望去，市面上传授大家如何当主管的书籍可用“汗牛充栋”来形容，真是多得不得了。但要问怎样的管理才是最正确的，那一定找不到标准答案，因为管理学本身就会不断地随着时代变迁而推陈出新。作为主管不该问：“怎样的管理学才是对的？”而应该问：“怎样的管理学才适合我现在的职位？”

在管理学上有两个著名但理论刚好相反的典型，就是 X 理论与 Y 理论。

每个管理理论都可以衍生成一本书，这里我们不谈论理论架构，只做简单的论述：

理论名称	基本价值观	理论说明
X 理论	性恶论	信奉者认为，我今天如果不在后面对员工进行监督，不在后面观察员工的一言一行，他们就一定不会把事情做好。他们深信，只要主管不在，员工就会打混摸鱼，不是上网聊天，就是在脸书上发些不三不四的文章。他们觉得人性本恶，所以只要没人管，大家就会想法子混时间。 X 外观很像一个大叉叉，正代表着员工是不值得被信任的，必须严格管控
Y 理论	性善论	Y 理论与 X 刚好理论相反。这个 Y 也可以代表 YES。老板认为我下面的每个员工都有责任感，就算没有加班费，他们也愿意自动自发工作到很晚；即使没人监督，也不提供奖金诱因，员工仍愿意努力付出。因为他们把工作的成就感看成是工作兴趣的一部分

以前面说过的四种类型主管来看，操控型的主管很像是 X 理论的信奉者，实际上也是 X 理论的实践者。有的主管管理做得很好，严师出高徒；有的就只带来恐怖统治，重点还是看主管的心态。

操控型的人，如果是不敢负责的，就会一味地要求员工要照他的意思办理，那样团队战斗力就会不好。所谓的“不敢负责”，是他担心把事情交给员工，员工做得不好，从而会影响主管的考绩。与其如此，还不如让所有人全按照自己指定的方式去做。也正因为这样，这类主管不喜欢授权，授权给别人，如果别人做不好，也是要自己负责任的，而这种主管不想负责，所以干脆就不授权。

所谓“江湖越老，胆子越小”，就是这样。但如果是已经知道员工什么都不懂，一开始就用威权教育让事情步入轨道，那就另当别论。的确，特别是在训练新员工的时候，一方面职场新人真的什么事都不太会；另一方面他们刚从校园出来，可能还摆脱不了凡事依赖的习惯。此时，适当的操控型管理是需要的，严格的主管以密集开会及要求写报告的形式，给员工来个震撼教育，有时效果也是不错的。

操控型主管在开会上的坏习惯也要适当地调整。会议有很多种形式，最威权式的会议是“一言堂”式的会议。这种形式的会议基本上就是主管下达命令，而没有集体讨论沟通。至于其他的一般会议，虽不那么极端，但也经常会产生没效率的弊病。

什么是没效率的会议呢？

会而不议、议而不决、决而不行、行而无责＝没效率的会议

主管开会太频繁了，就会让会议变成一种例行公事，大家只是意兴阑珊地开会，根本没讨论到重点；即使讨论到重点了，也不做决议；就算终于做了决定，会议中确定要做的事，后来也没真正落实。到最后，事情做完了，也搞砸了；再追究责任，也找不到人负责。这是最糟糕的会议模式，也是最糟糕的管理模式。

主管真的是一门终身学问，我们说活到老学到老，像我这样一个以传授管理学为业、经验丰富的老师，也还在学习，每年我都持续地看更多特别的管理案例，可以供人学习，或供人借鉴。

以我自己年轻时曾在国际集团服务的经验，真的觉得懂不懂管理，是影响很大而且很重要的事。举例来说，甲公司，当时有A、B、C三个部门。总公司要求各部门全力以赴，冲刺年度业绩。到了年底结算，明明A部门、B部门和C部门都达到了目标，但A部门拿到的奖金和福利，却比另两个部门多，其关键就在于A部门的经理很懂得为员工争取资源，争取福利。

另外，一个优秀的主管一定很重视培训。其实，前面所说的不论是操控型

主管、怠忽型主管，还是启发型主管，如果他们能够做好培训，即使他们管理上有一些缺点，团队也是可以达到一定绩效的。

曾经看过电视上一个电池的广告，用有没有充电来表现有没有活力。我觉得这个广告是很贴切的职场人的写照。员工每天辛苦奔忙，跑客户做企划，其实就是在“耗电”。一个优秀的主管，要懂得适时地帮员工充电，这充电就包括培训和鼓舞打气。若少了充电的环节，久而久之，员工的战斗力就会耗损。如果一个将军底下的士兵都凋零光了，那么留着这个将军还有什么用？

主管这门学问，是学校课堂上无法教授，而必须借实战经验及时时自我充实的人生学问，这里也仅能列出基本的指引。具体的应用千变万化，如人饮水，冷暖自知。

向下管理，也要向上管理

前面说过，管理学有不同的理论，相对应主管就有不同的类型，这些都是关于一个主管如何“向下管理”的学问。但如同本书最前面说的，每个职场人要面对的是 360° 的职场伦理关系。我看过许多优秀的主管，但还是和公司处不好，最后面临阵亡的命运。不是因为他没把员工管好，而是他们没搞好“向上”的关系。

讲到管理学，就一定牵涉到人性；而人性自古至今，都没有很大的改变。其中在官场上一个需要人人必修，却经常有人忽略的事实，就是一个好的主管应该避免自己“功高震主”。

古时候，每当帝王碰到内忧外患的情况时，最希望有攻无不胜、战无不克的将军来为他分忧，但往往一旦内忧外患解决了，他们就把担心的矛头指向将军本身。君不见，当年宋朝的岳家军，纪律严明，是整个朝廷中唯一的劲旅；但这个劲旅却只听岳飞一个人的话，你想想，若你是皇帝，你会不担心吗？时代来到今日，一家公司的老板，包括公司的高级主管，也一样会担心能力太强的主管。原因无他，就是担心这样的主管会“取代自己”。其实他们的担心也不是无的放矢，事实证明，在台湾的确存在很多这种现象：一个优秀的人才在一家企业里把该学的都学完后，就自己出来开公司，然后把老东家打得落花流水。一个原本的低级主管，因为能力太强，博得了老板欢心，最后竟然把他的顶头上司干掉的事，也时有所闻。所以作为老板和高级主管们，他们的担心是有道理的。

对于老板来说，担心的是优秀主管跳槽。因为主管的下属都忠于他，若一个主管走了，就可能像一整串如绑在一起的肉粽，带头的被牵走，后面的一整串都被拿走了。所以这也造成我们作为主管的一种矛盾：一方面我们要追求卓越，有好的表现，为公司争取业绩；另一方面又怕表现得太好，让公司高层对自己不信任。到底要怎么做呢？

最重要的还在于沟通。好的主管原本就要善于沟通，但此处的沟通强调的是“态度”的沟通。要通过日常行为以及言语，表现自己的向心力以及忠诚度；并且，一个好的主管一定要懂得收敛锋芒，有功劳也不能一个人居功，态度绝对要低调。老板最忌讳底下的主管动不动就说：“公司现在有这样的成就，都是‘我’的功劳。”

如果你不把公司当成“我们”，而只用“我”的角度想事情，那公司就会让你离开“我们”，专心当你的“我”。

前面提到的4种主管类型，器重发展型主管是比较适合的现代化主管，但其最需要注意的就是不要功高震主。当公司称赞你时，要大声地对老板说：“这不是我的功劳，而是您的功劳；如果没有您的协助、您的帮忙，我哪有办法做得又快又好！所以，功劳第一是老板的，第二算底下兄弟的。”这样一席话下来，既让公司有面子，又让自己以后好做事，这才是最佳的管理方式。

第9章

追求一山还有一山高

“一山还有一山高”，这句话表示，人生没有所谓“最高点”，放眼望去，永远有下一个高峰等待你去挑战。这样的人生态度是积极正面的，并且在心态上能永远保持谦虚，因为总有人比你更强，总有让你可以有不断学习的机会。所以不论你如今身处在“升官图”的哪一点，都要以“精益求精”的态度，怀着热诚不断攀登生命中一个又一个精彩的高峰。

建立主管的高远格局

人们总爱以爬山来象征职业生涯，主要原因在于从中国古代以来传统的职场思维就是“升官发财”，职场成功的定义就是官职要越升越高。

古代实行科举考试，一朝及第，鸡犬升天，接着生涯规划就照着“升官图”走。我小的时候，民间还有“升官图”这种游戏。现代人的职业生涯规划，基本上还是照着“爬山”的模式，即便在“组织扁平”口号宣传已有数十年情况下，一般青年学子想象的职业生涯蓝图还是：基层员工→组长→主任→课长→经理→副总→总经理这套现代版的“升官图”模式。

然而，我要告诉诸位读者，现代的职业生涯发展，以心境来说，可以是如爬山般步步高升的概念；但在形态上，却是非常多样化的。一个有能力的人，其职业生涯发展除了担任主管外，也可以担任智库、担任幕僚。在专业挂帅的今天，学有专精的人可以担任非常态的项目式领导人，每个案子都是全新挑战，当案子完结后所有成员就解散回归到原来单位。另外，融和“弹性工时”以及

“变形虫组织”或“家庭办公室”等新形态的职场概念，一个专业人士的职涯发展更可以非常多样，不必拘泥于传统升官图的模式。

但是，职业生涯发展，乃至于人生发展，在心境上的确就像在爬山。从古至今，人们也都爱以山来象征职业生涯或人生境界。例如“高处不胜寒”，现代普遍被隐喻为身处高位或站在职场高点时，会有种不被理解以及“已经到高点了，不知接下来何去何从的茫然”；“不识庐山真面目，只缘身在此山中”则有种在职场里打滚，当局者迷、旁观者清的味道；但我个人最喜欢的，还是“一山还有一山高”，这句话表示，人生没有所谓“最高点”，放眼望去，永远有下一个高峰等待你去挑战。这样的人生态度是积极正面的，并且在心态上能永远保持谦虚，因为总有人比你更强，总有让你可以有不断学习的机会。所以不论你如今身处在“升官图”的哪一点，都要以“精益求精”的态度，怀着热诚不断攀登生命中一个又一个精彩的高峰。

如何建立格局

记住了前面所教的主管守则，在承平时期，想要当一个好主管，应该是绰绰有余的。然而商场如战场，变化多端，处在状况多变的战场上，除了基本的技术、专业能力以及管理能力外，还需要懂得如何应变。而这所谓的应变，没有一定的规则，重点就在于一个人的格局。

态度决定高度，格局决定结局

三国时代，孔明在刘备还是个不起眼的小势力时，就已经提出三分天下的隆中对，他看得够远，所以能够引领后来的蜀国走到独霸一方、与其他两大势力相抗衡的格局。今天你身为一家企业的主管，你要如何布局？是只为眼前的小利与敌方拼得你死我活，还是眼光放远，预先安排未来的棋步？这与主管的格局有密切的关系。

当我们看一个主管是不是优秀时，不应该看他在市场好时如何拓展事业；而应该看他在碰到困境时，如何调兵遣将；所谓的“格局”在这时候，最能够看得出来。

一个优秀的主管懂得在局势不好时如何应对。在业界有很多这方面的案例：有的企业主管在市场不景气时，更用心地进行员工培训，一旦市场变好时，这群人就能成为为公司立功的尖兵。也有的企业主管，在市场不景气时逆向操作，当大家都心持观望不敢有大动作时，他却趁去购买房地产，一旦景气回升，这批房地产也让公司大赚一笔。

想想，当市场不景气时，一个优秀的主管还可以有哪些作为呢？

古时候，楚汉争霸的时代有个韩信，他懂得忍辱负重，之后成了名震千古的将军。到了现代，优秀的主管们，也要懂得放低身段。当形势大好时，固然要大展雄风，但当形势不如人意时，就要懂得顺应情势。如果不能改变对方，就要懂得改变自己。我以前服务过的一家公司，在市场不景气时期，主管教导我们要怎么拉抬业绩，当我们拜访客户时，公司授权我们可以用“三不政策”。那时候因市场不佳，客户不敢下订单，怕市场消化能力不够强；而客户不敢下单，身为上游供应商的我们就会很惨，因此我们要设法去拜访客户，传递这三不政策：

第一，如果客户把未来预期的订单给我们，本公司保证“不”断货。

第二，向我们预约的品项，只要预约，就算将来碰到国际原物料上涨，我们也保证“不”涨价（相关成本全部自己吸收）。

第三，更重要的是，我们提出“不”惩罚条款。即如果客户向我们预约之后，到时候订单没办法订那么多，可是我们已经准备好了，那库存的压力我们帮你吸收。

这三不政策，特别是最后那一点不惩罚条款，等于让客户吃了定心丸。当时他们最怕的就是下订单后，造成库存压力，现在既然上游厂商能保证若有这样状况要自行吸收，那客户就不会恐惧了。在那个时代，别人都不敢这样做，只有我们公司高层主管做了这样的决定。事实证明，我们因此渡过了当时市场不景气的难关。一个优秀的主管，在公司里向下可以带领好员工，向上可以做好内部沟通，现在更需要向外管理。其中最高的境界是：明明是买与卖的关系，优秀的主管却可以营造出一种“合作伙伴”的关系，本来是争个你死我活的局面，现在却变成了“同舟共济”。这样的道理可应用在各种不同的阶段，不论你是初级主管、中级主管还是高级主管，当碰到非常时刻，要懂得三“变”：改变环境、改变对方、改变自己。

这三变的顺序是循序渐进的。我们在初始推新商品时，一定会碰到困难。比如说，当饮水机刚推出时，也是乏人问津，但如今家家户户普遍都有饮水机。当年推展这项业务的公司，他们要做的事，就是努力“改变环境”。

其实所有成功的商品，都经历过这个步骤。就以计算机来说，在计算机刚发明的时代，大家都没有使用计算机，难道当时的业务员只能和老板哭诉说：“这是个没有计算机的世界，我无法把计算机卖出去。”其他的如85度C、智能型手机、诚品书店等许多产品或商业模式，也是在一开始没有这样的环境，是企业改变了环境。随着环境改变，一个优秀的企业主管要带领员工做的，就是努力“改变对方”。这个“对方”可以指客户，也可以指消费者。所谓改变对方，另一种说法是“教育客户”。初始客户一定会有反对意见的，就因为困难，才能显出业务的功力。客户一定会说：“不行啦！以前都是怎样……”“这和我们认知的不同。”“我不知道这样可行吗？还是旧的方式比较安全。”……

一个优秀的主管会制订策略、领导员工，能让客户“从不行变成行”、从“认知不同变成达成共识”，说服客户改变新的方式，因为我们说服他，新的改变会让一切更好。如果“改变环境”和“改变对方”都无效呢？如同前面举过的例子，碰到市场不景气，客户可能不愿意下单，此时，就要“改变自己”。当市场不景气时，就应适时地放低身段；面对某种特殊情况时，就应适时地弹性调整公司的策划。

但请切记：“改变自己”不代表退缩、退让，更不代表认输，而是一种策略性的应对。国内有一个很著名的例子——高铁。当高铁初推出时，面临着各种交通工具的竞争，高铁票价又太贵，怎么办呢？结果高铁初期就打低价策略，鼓励民众多多尝试，之后的营运方式也经常在价格上做各种促销攻势。他们的做法是一旦等到开始独占这个市场后，再慢慢把价格调整回来，到那个时候，飞机、客运、铁路等都已被它抢走市场；也就是以短期来说，高铁先“改变自己”，但就长远来看，它却可以占有市场。

成功主管的六大管理守则

一个成功的主管需包含4个方面的认同，也就是以职场伦理来说的360°认同：上司肯定你、下属认同你、同事尊敬你、客户信任你。世界上的主管何其多，光台湾就有上百万名主管，但真正符合成功主管定义的又有几成呢?

一个不能正确传达公司使命、愿景的主管，连基本沟通都做不好，不是成功的主管。

一个既想讨好下属又不敢得罪上司的主管，是个“好好先生”，但绝不是成功的主管。

一个被下属恨得牙痒痒、私底下被人骂翻的不是好主管。

一个踩着其他同事的肩膀爬上主管位置、为同事所不齿的，也不是好主管。

一个不能完成公司交付的任务，去拜访客户却被客户拒绝、得回公司讨救兵的，更不是好主管。

要成为一个成功的主管，一定要懂得成功的六大守则：

善于沟通管理

什么叫沟通？不论是与上司、下属、同事还是客户，这都是非常重要的一件事。一个主管之所以无法成为成功的主管，通常是败在“沟通不良”上。

在管理学里，我们有 5 种方式的沟通，各自对应一种立场。

沟通方式		对应立场
回避	=	拖（按兵不动）
迁就	=	输（弃子投降）
妥协	=	和（携手合作）
坚持	=	破（铁令如山）
合作	=	赢（和平共存）

回避

从字面上看，回避似乎不是一种好的沟通方式。但实际上，有时候回避却是最好的沟通方式。例如，双方为了一件事吵得不可开交，此时就算我方有理，但因为对方正在气头上，我方越讲只会让他越生气，这时选择回避是一种比较适合的方式。等到对方气消了，也静下来沉淀思考了，觉得其实是他理亏，这时再来沟通，就会事半功倍。又或者另一种情况，就是有远见的人可以看到较远的局势发展，而此时众人皆醉唯我独醒，要如何沟通呢？再怎么说对方也听不进去，还不如先避开争议，等到时机成熟时，大家才恍然大悟，原来当时是自己见识太浅了。

迁就

双方意见不同时，他有他的方案，我有我的想法，互不认输。此时可以衡量情况，那就用对方的意见吧！以迁就的方式沟通，有几种可能：第一，当形势比人强或正在抢时机时，争执得越久对我方越不利，此时只要对方提的条件不太离谱就可接受。第二，作为一种交换，有时产业之间会有一种默契，当共同争取一个标案时，这一次我让给你，下一次换你让给我，当然这种事不会有白纸黑字的契约，一切都看当事人彼此间的心理认知。第三，其实对方的意见虽然和我不同，但主要的意思和我差不多，那我就做个顺水人情，答应对方的要求，让事情好推进下去。也就是说，以迁就达成的沟通，重点不在于“退”，而在于可以“换取更好的利益”。

妥协

妥协，就是一种交换。就是说你要 A，我就给你 A；“但是”当我要 B 时，你可不可以给我 B？所有的妥协都一定要附加一个“但是”，否则就不叫妥协，而是迁就了。通常我们提到妥协时，总有负面的意思，其实这是自尊心在作祟，真正的妥协是双方都让步。不论在职场上还是在家庭里，妥协都是一门重要的艺术。一对夫妻如果不懂得妥协，那结婚不到几年就要闹离婚了。公司里更是如此，若内部天天要争得面红耳赤，那公司也不用营运了。

坚持

所谓坚持，有两种情况：一种情况是这件事已经是我方的底线了，所谓“退一步再无立足之地”，因此必须坚持不让。另一种情况就是，时间有利于我方而不利于对方，那我就慢慢和你耗，始终坚持我的条件。等到对方被时间逼急了，就只好答应我方的条件。

坚持的结局看似对我方很有利，但其实在沟通上不能常用。特别是在职场上，如果每次沟通你都要坚持己见，久而久之，人家就不愿意再和你沟通了。也就是你在短期内因坚持赢得了利益，却牺牲了长期的沟通利益。通常我都以其他方式的沟通为主，只在必要时刻才用到“坚持”。电视剧不也常这样演吗？男主角平日对同事很好，对方要什么都配合对方，可是有朝一日碰到特殊状况，男主角需要某个部门通融时，该部门一直不同意，于是男主角使出撒手锏，立马翻脸，拍桌子大骂一声：“枉费我平常多么支持你，你有什么困难找我，我都全心全意帮你，现在这件小事，我才第一次找你，你就拒绝我，你这样够意思吗？”通常在电视剧里，这样的坚，一定可换得对方的同意。但这样的坚持，只能偶一为之，若常用就失去效力了。

合作

从字面上看，合作就是双赢的意思，就是说，你是为公司好，我也是为公司好，何必这样吵呢？干脆我们一起合作吧！以印象来看，合作当然是一种最好的沟通方式，但其实在不同的场合，还需配合不同模式，合作不一定是最好的方法。有的场合就必须用时间证明一切，无声胜有声，那就要回避；有的场合就是已经触碰到我方底线，一步都不能再退，就算是对方提出要合作我们也不能答应。

5 种模式，5 种格局，造就不同的结果。若我方提案是 A，对方提案是 B，则:

赢（合作）	输（迁就）	破（坚持）	和（妥协）	拖（回避）
A+B=AB	A+B=B	A+B=A	A+B=C	A 不加 B（或等于 0）

一个优秀的主管，可以善用上述这 5 种沟通模式，并且能够判断什么时候该用哪种模式，才能带来最大效益。

善于激励别人

我们都知道在职场上班，不论是在国家机关还是在私人企业，无论是主管还是员工，甚至包括股东，都需要被激励。

激励有两种：一种是实质有形的激励，一种是无形的激励。

有形的激励大家很容易了解，例如给现金、给奖金、加薪，乃至于提供名车，或升官、给奖牌都算实质的激励。但无形的激励往往更令人记忆深刻。

我记得有家物流公司，他们激励主管不是采用有形的激励，而是采用了无形的激励，不用耗费太多公司资源，就可达到让员工死心塌地愿意终身向公司效忠的效果。

这家公司是如何激励优秀员工的呢？原来这家物流公司因为业务关系会购买或租赁运输飞机。一般的飞机不一定会有名字，只有机型和航班代号。但由于是企业自己的飞机，就可以给飞机命名。现在为了奖励优秀的员工，这家公司把新购买或新租赁的飞机用员工名字来命名。例如，要感谢 Michael Chen 过往一年的杰出贡献，公司就把飞机命名为 Michael Chen，可想而知，当飞机首航那天，这位 Michael Chen 会如何的激动而尽洒英雄泪。此时，竞争公司想用多高的价码挖墙脚他都不会动心，因为公司已经给他一份无可取代的荣耀了。

当然，不是每家公司都有能力买飞机。但还是可以用很多方法无形地激励员工。比如，提供代表尊荣的停车位，或董事长专属电梯搭乘权，或当公司被媒体报道时，员工也可以上镜头等。这种以荣誉取代实质奖励的方式，其效果往往比真正的钱财以及其他的有形奖励更能深入人心。

激励的方法有很多，以我在职场20多年的经验，最常用的激励方法有以下6种：

一、权威

顾名思义，就是给他“权”。

在职场上，也许这个月给你 5000 元奖金，但奖金一下子就花完了，花完后会很空虚。但权力就不同了，把你升为主管，你连走路都有风；或给你额外的权利，例如，可以代表公司接待重要客户的权力，或者可以使用公司贵宾室的权力，或者可以动用几万元预算的零用金的权力等。每种权力都代表公司对你的一种肯定，也通常是比金钱更加有用的激励。

二、金钱

最常见也最实际的激励，还是金钱。我们常听到，人出来上班都是为养家活口，被称赞很高兴，被升官很兴奋，但还是拿多一点儿钱回家给老婆，才是比较实用的。金钱相关的激励也很多，包括加薪、给更多绩效奖金、红利多一点儿，甚至多发几张股票都算。

三、竞争压力

这种激励方式很特别，它不是以公司的形式赋予某个同事什么激励，而是通过公司创造的一种氛围，形成一种荣誉感，让同仁们主动争取这种激励，一旦争取到了，也就达到了激励的效果。

◆职场案例分享

这是我的朋友分享的真实故事，是某个同业一名新到任的主管，如何通过创造激励氛围，成功地拉高公司业绩的故事。

这位主管，姑且称他为X先生。他初上任时，许多人都用敌意的眼光看他，心中暗想：“这位新老板会用什么方式折磨我们？”但令人惊讶的是，X先生到任后第一个月什么事都没做，却花很多时间躲在厕所里。原来他是要趁这些业务员在上厕所卸下防备之心互相聊天时，了解公司的各项内幕，以及同事们心中的想法。到了第二个月，X先生对公司以及同事已经有了一定的了解。有一天，他走进办公室在白板上写下每个业务员要完成的业绩额有多少、责任区在哪儿，让大家一目了然。他定下一个规则，每个月公司会检查业绩，如果这个月业绩达到目标，将来会有奖励，否则会有惩处，但具体的奖励和惩处内容X先生并没有说。

白板上所有的数字他都是按照前任主管业务会议订好的目标，因为他知道，若变动数字，会引发业务众怒，他只得先萧规曹随。

就这样，在办公室里挂着白板，每天下班之前，会请总务主管念出业绩最好的前三名。刚开始，业务们都懒得去看白板，可是渐渐地去看白板的越来越多，而且讨论得也越来越热烈。

有人会说:“你看,我保持前三名好几天了,你们都追不上我耶!”表面上大家不在乎，实际上都开始计较自己是否也登上白板。就这样X先生创造了激励氛围，他知道人都有荣誉心，这荣誉心足以让人去打拼。

随着站在白板前的人越多也越久，三个月过去后，X先生又订出第二条规定。他说：“这三个月来，我常常下班后和你们开会，结果发现很多业务同人都没办法准时与会，原来是因为找不到停车位耽误了时间。而你们的时间很宝贵，应该把时间用在客户身上，不该浪费在找停车位上，所以我向公司特别争取了10个停车位，只要你的名字能够在白板上，业绩连续三个月都能在前三名，公司就送你一个免费停车位，并且是奔驰级的大停车位；但这有个但书，若拿到停车位后，连续三个月没办法进入前三名，那我就把停车位收回来。”就这样，通过一张白板的应用，X先生在他担任主管期间做了不同的激励，效果非凡，他在很短的时间内，就让公司业绩增长了好几倍。他并没有发给员工实质的奖金，甚至也没举行什么表扬方式，只靠一张白板刺激大家互相竞争，就达到了激励的效果。

从以上的案例可以知道：

激励，除了分成有形激励和无形激励两种外，也可以分成正激励和负激励。什么叫正激励？以前面的例子来说，当业务表现好时，就送一个停车位，

这就是正激励。什么叫负激励？当业务表现不好时，就要把停车位收回来。虽然那停车位本来就不是业务的，收回来好像也没有惩罚到什么，他只是回复到原来状态，但这就是人心的奥妙。

人是重自尊心的。就好像选美比赛，宣布了第一名并颁发了得奖后冠，之后却又说是大会失误，颁错奖了，要把后冠收回。这种羞辱是非常大的，相较于减薪或者当众辱骂来说，这种惩罚更让人受不了，因此也更具效果。

正激励和负激励经常是并存的，互为激励因子，一正一反，带动着员工为荣誉感拼搏向前。

前面这个案例，后来我听到了“续集”。

这位 X 先生，前一阵子又跟业务同人说，他到年底要抓业绩排在最后面的 20% 来开刀。大家听清楚了，他是说业绩最后的 20%，而不是业绩没达到的20%，这是不一样的。也就是说即便你的业绩完成了，但在整个团队的成绩里，还是有可能挂名在最后那 20% 里。

这个讯息一发布，整个业务部门的气氛顿时变得很诡异。这时候，我们这位 X 先生跑哪里去了呢？他又躲到厕所去了。在厕所里，X 先生听到两个业务在聊天。

业务 A 问业务 B：“你现在的业绩，年度达成度是多少？”

读者诸君请猜猜这个业务 B 报出来的数字是偏高还是偏低呢？当然是偏低啰！他怎么敢让业务 A 知道他已经达到了多少，所谓商场如战场，兵不厌诈。业务 B 当下就唉声叹气地说他连一半业绩都没达到呢！可以想见业务 A 听了就松懈了；而业务 B 则在偷笑，到时候垫底的会是业务 A 而不是他。

我听完这故事的后续就在想，这个 X 先生还真是有谋略呢！他可以让他的员工既竞争又合作，还真是聪明。从他的案例中我也学到了一课。X 先生的案例告诉我们，作为一个业务主管：第一，要先了解状况，不要未审先判；第二，一开始就要拿出激励的东西来，先用正激励来激发斗志；第三，观察员工彼此竞争一段时间，再以负激励加强效果。

据我所知，X 先生已经为那家公司的业绩创造了历史新纪录，而奇迹还在创造中。

四、家长式温情

激励的方式有很多种，但重点都是让员工“心动”甚至“感动”。奖励金钱和升官的方法，可以让员工感到“贴心”，通过刺激竞争的方式是要让员工“下定决心”。既然重点都是在“心”，有一种攻心的方式屡试不爽，那就是“温情主义”。

从前在学校的时候，你是否也曾经历过这种情况：当碰到挫折觉得气馁，或者当做错事又不知如何是好时，老师走过来，轻轻地拍一下你的肩膀，说声：“我知道你不是故意的，我信任你。”霎时你内心的堤防就崩溃了，在老师面前哭得稀里哗啦。现在进入职场，大家都是成年人了，但这方法依然适用，甚至效果经常强过金钱和权位方面的激励。

在很多公司里，上司和下属之间会有超越纯工作的关系。时常听到下属称上司为老长官，那种既是上司和下属，又有点像父子关系的感情，往往可以抓住一个人是否打拼的那颗决心。有些长官和下属认识已经超过20年，甚至30年，也就是说这个员工已经是老员工，他已看过太多的职场手段，你给他加薪、给他其他的激励，他可能都不屑一顾。此时往往动用家长式的温情可能会奏效。

当员工已经把主管看成像是爸爸，或叔叔、哥哥这样的长辈和亲人。那么来自“家长”的一句话，就是最佳激励了。

五、工作满足

不同公司有不同的文化制度，而生存在这个制度下的员工往往需要一些特别的注意事项。当公司可以用某种方式满足这类特殊事项时，也是一种有效的激励。

以我的经验，在一般的大型企业里，一个基层员工要升上干部，经常要求他有一定的历练。最常见的基本要求是要求员工至少要待过公司里 3 个以上的部门，这是因为公司顾虑到两件事：

第一，你如果就直接从本部门升上去当主管，可能对很多部门作业情况不了解，这样做事的视野和格局就窄，因此公司要求当主管的人要至少历练过 3 个部门的经历，是希望你能多了解公司。

第二，公司各部门是要互相配合的。在一个大型企业担任主管，更要懂得与其他部门的沟通，此时人脉就很重要。公司相信若一个员工曾经待过至少 3 个部门，那其人脉关系可以为其将来工作派上用场。

以这样的情形来说，部门历练就变成一种有效的诱因。今天，一个主管想要激励员工，可以告诉他：“你只要好好表现，那么我答应你，会与其他部门主管沟通，适时让你调去其他部门，累积你的资历。如果你达到 3 个部门以上的资历，未来一旦公司有主管的职位空缺，那么你获选的概率就一定比别人高。”这种激励在许多公司是非常有效的激励。

六、私下协商

从字面上看起来，这不像是一种激励，但在现实职场社会里，这种方式却是出乎大家意料之外地经常被运用到。其有点类似温情主义，但关系不若温情主义那种情同父子；相反的，也许当主管和下属平常关系没那么亲密时，这招反而有效。试想，某个员工平日按部就班做事，表现不特别好也没什么大缺点。平常很少找他谈话的主管，有一天忽然找他去谈话，并且不是以上对下命令式的语气，而是类似朋友间聊天的方式。你想想，这个员工是不是感到受宠若惊，而当主管要求他做什么时，他一定会当下慷慨激昂地说："我做得到。"

还有一种私下协商则是基于主管对员工有一定的认识，也许在公事上大家是上司与下属关系，但私底下也是朋友。主管了解这员工的特殊需求，例如，主管知道员工家里有个患多动症的孩子，他经常为此苦恼，因此私底下介绍辅导专家给这个员工；或者知道这个员工假日喜欢去钓鱼，某天主管忽然把这员工叫进办公室，后送他一根顶级的钓竿……这些举动一定都是私底下进行，但对个别员工来说，往往能带来一定程度的感动和激励。

善于授权管理

关于授权，前面也曾谈过很多。很多主管不喜欢授权，第一，是怕负责，第二，则是对员工没信心。然而我们也知道，人不是机器，再怎么精力旺盛也需要休息。我们往往发现，很多不肯授权的主管，他们虽然工作认真，但却耗费太多心力在做原本可以交办别人做的事。甚至有的主管，每天加班到深夜10点、11点，帮下部做一些原本该他们做的工作。表面上看来这是好主管，负责尽职，而实际上这却是一种负面的示范。或许有人以为当董事长深夜经过公司时，看到公司灯火通明，进去一看，原来是某主管正在拼命工作，那么董事长一定会对他大大嘉许。而实际上却非如此，董事长心中的想法是：

第一，我让你当主管，就是对你的一种倚重，你的身体健康也是公司未来发展所系。现在你天天忙到半夜，把体力拖垮，最后损失的还是公司，公司对此非常不乐见。

第二，我明明付给你主管的薪水，而你现在在做什么？你在做一个基层员工就可以做到的事，那就等同于你浪费我支付的薪水。

第三，你或许会辩称，你虽然加班，但你没领加班费，所以没造成公司额外成本。但真的是这样吗？请问，电灯、计算机还有冷气空调，是不是要耗电？你熬夜工作影响明天的工作效率，其成本是不是也是公司承担？怎么说是没额外成本呢？

所以主管们一定要学会授权。

基本上，授权可分两大范畴，七大等级：

第一范畴：日常管理工作的授权

一级授权：等同于最高授权。明白地告知下属，下属可直接行动，不需向上司报告。

日常生活中有许多事都是一级授权。例如，公司通常不会要求员工每天上班打卡都要和主管报告，也不会要求员工上厕所要请示主管（但也真的有些公司完全军事化管理，连上厕所都要向主管报备）。

二级授权：授权给下属，这件事你们可以直接行动，如果失败才需要向我报告。

最常见的就是各部门的例行工作。比如资管部门，每天都要进行软件安检及例行维修；总务部门每天都要检查厕所及仓库清洁。这些事都不用特别报告，只有碰到特殊状况，如黑客攻击；或厕所马桶报销了要换新的，才需要报告。

三级授权：授权给下属，这件事你们可以直接行动，但在做的同时，要经常性地向我报告进度。

例如，公司租了国际会议厅举办一场产品说明会，全权委托业务经理规划执行，老板基本上不干涉业务经理作业，但业务经理每天要向老板报目前的进度。有些事虽是例行公事，但老板还是要时时掌握状况。比如，报社每天都要编报纸，但总编辑仍有义务每天分几次和老板报告今天的重点新闻，以及报社的发行策略。

以上3种授权，都是比较全面式的授权，主管只负责监督，策划和执行的是员工。以下4种授权，则需要主管具有主导性。

这些事情虽然每天要做，但你要随时让我知道你的进度、你的工作内容完成多少……所以，这三种是日常管理。

第二范畴：项目管理工作授权

第四级授权：主管要求下属先报告他的项目计划，除非主管反对，否则下属可以行动。

第五级授权：下属先报告计划，但是要拿到相关主管的许可才可以开始行动。

因为这计划可能涉及业务部、生产部、营销部门等，所以不是直属主管同意就可以进行，还需取得相关部门的许可。

第六级授权：下属提出各种方案，并具体分析每种方案的优点、缺点，最后由主管决定哪种方案较好。

第七级授权：针对项目，下属搜集所有相关资料和问题，并集中向主管报告，至于这项目所有计划及项目内容，仍由主管决定。

其实到了第七级授权，已经快等同于不授权了。简单讲，老板只授权你下属找资料、找信息，真正要做事，还是要等他告诉下部，下属才可以去做。常见公司内部事情交办后出现状况，其原因发生在对授权认知的不同。某件事老板交办员工“全权处理”，其实老板心目中全权处理的定义是“第三级授权”，就是我委托你去做，但你要经常向我报告进度。但接受命令的员工却可能想成是“第一级授权”，因为是老板自己说的啊——我“全权处理”。

往往类似这样的沟通误会，都会引发后续争议。当老板指责员工为何不报告进度时，员工却一副受委屈的样子说：“你没叫我报告啊！”所以在公司内部间还没达成一定默契前，主管交办事情时还是要说清楚才好。或者也可以这样下命令：“小陈你进来，这里有3件事需要你办。项目A请你负责，我给你第三级授权；项目B也是麻烦你参与，但这件事是第五级授权；至于今天早上客户打来电话抱怨的那件事，也请你处理，二级授权。有状况再向我报告。”这样，授权和责任归属就比较清楚了。

善于时间管理

在第2章里曾经提到过3种时间管理，也就是平日要能善用黄金时间、零碎时间和沟通时间。随着一个职场人由基层员工升任不同级别的主管，他更需要善用不同的时间。大凡一个项目的进行，一定有决策的部分和执行的部分。一个人职位的提升，也代表着其必须在决策部分负担更多的责任。一个人成为一家公司的老板，也就是代表着他的思虑必须有关公司整体的政策走向，他的格局要比一般主管大，也要比所有员工看得更远。

初担任主管的人最常犯的错，就是在时间管理的分配上。像前面说过的，有的主管把事情都揽在自己身上，每天加班到深夜，这就是错误的管理示范。同样是做事，在不同的阶段，应该要有不同的思维：

基层员工	我应该用怎样的方式，才能让这件事最有效率的完成？
初级主管	我应该怎样分配工作，让我的团队有效率地完成这件事？
中级主管	我应该怎么统筹下面的不同部门，把公司的几件事达成？
高级主管	公司有哪些事待办？重要程度各自怎样？我应该交由哪几个团队来执行？需要多久能完成？
老板或总经理	公司现在有哪些事在进行？未来还要做哪些事情？

一个将军重要的决策，可以抵得过千军万马的战场厮杀。孙中山先生曾说：“聪明才力愈大者，当尽其能力以服千万人之务；聪明才力略小者，当尽其能力以服十百人之务；至于无聪明才力者，亦当尽一己之力以服一人之务。”所谓“服千万人之务”，当然不是一对一的个别服务，那样是非常没有效率的。就好比鸿海集团的郭台铭先生，他可能影响数万人的生计，但他是决策者，而不是亲自服务员工。我时常看到有的老板，什么事都自己来，还笑称自己是“校长兼工友”，但我看到他们这样却笑不出来，因为我可以看出这种以老板身份做第一线员工事情者，公司是很难做大的。同样地，每当我看到高级主管把本

该花在思考长远策略的时间，耗在做一般员工就可以完成的工作时，也会对这样的主管印象大打折扣。所以，奉劝每位主管，要做好时间管理，把时间用在最有价值的事情上，你的职责是用有限的时间，让更多的人可以有执行工作的时间。尤其，当你的职位升高，你所思量的再也不是你个别的时间，而是整个团队的时间。

善于档案管理

关于档案管理，也许每家公司有不同的规定。但不论是怎样的规定，都有两个共通的重点：

第一，要能够分出“轻、重、缓、急”。

第二，要方便视觉上的识别。

个人档案，一定要做到可以提高工作效率。而一般来说，公司都有一套统一的档案管理标准，包含归档方式、档案的重要性判别，以及如何快速取得档案。公司一定要建立一个清楚的让员工可以遵循的共识。

档案管理分成实体档案管理和电子档案管理。在电子档案管理方面还牵涉到存档规范、保密层级设定等，本书就不在此做太多介绍。一个好的档案管理，可以起到事半功倍的效果。以我个人为例，我和许多人一样，在个人行事历的管理上采用颜色管理，清楚地用颜色标明事情的重要度。

红色

代表 Must、代表 Important，就是一定要做的事。我每天翻行事历，只要出现红色的地方，就要特别留意。

蓝色

代表 Well done，就是已经完成的。

黑色

To do list，代表条列的代办清单。

灰色（也就是用铅笔注记的）

代表 Routine，也就是日常例行公事。

以上是我个人的笔记方式。每个主管可以有自己习惯的档案管理方式，重点在于档案是用来帮助我们做事更有效率的，千万不要本末倒置地把档案管理变成一件额外工作。

善于流程管理

以属性来说，流程管理也可以说是时间管理的一种。只不过流程管理更聚焦在一个主题上，通常是一个项目的进度。对于主管来说，流程管理非常重要，不仅因为流程管理可以协助你抓住“轻、重、缓、急”，更因为作为一个主管，你要领导整个团队依照你分配的时序走。

流程管理最常以图表——甘特图（又叫横道图，条状图）的表格形式来呈现。一个典型的甘特图，纵轴是项目，横轴是时间，每个项目皆需标出由谁负责。另外，甘特图通常以线段来代表时间，虚线代表的是“计划要执行”，实线则代表是“计划已执行”。

以下是一个简单版的甘特图：

A项目在新北淡水区试营运管控进度甘特图

项 目	一月	二月	三月	四月	五月	六月	承办人
完成打样	■						王大明
完成简报	■						李大同
完成第一波客户简报		■	■				张小林
重点厂家签约及安装测试			■	■			郑成功
完成所有第一波客户安装				■	■	■	夏一跳
建立标准 SOP	■	■	■	■	■	■	王大明
完成全新北市推广计划	■	■	■	■	■	■	李大同

关于这个流程图，有两个重点要特别提出：

1. 流程重点在于排程管理

事情彼此间的关系可分成两大类：第一类，是有因果关系的。例如，从图上可以看出，要先“完成打样”和“完成简报”，才可以开始执行第一波客户简报。也就是说，如果打样没完成，后面的所有流程都会被耽误。第二类，是可以同步进行的。例如，“完成打样”和“完成简报”这两件事是可以同时进行，不用谁等谁的。当第一波简报执行一个月后，就可以开始重点厂商测试安装。其他另外的项目，像是建立标准 SOP，这是要从第一个月就开始边做边纪录的，若等到五个月过去了，才想来补做 SOP，当时的记忆细节都已模糊，佐证资料也已不见，往往就无法建立，白白浪费许多资源。

主管手上一定要有这张表，才能让项目的每个环节一目了然。若没有搭配这样的甘特图，那整个团队在没人领导下就会各自为政。例如，业务人员约好要去做简报了，才发现样品还没做出来；或者所有第一波厂商都已做完简报了，时间过去两个月，却一家都还没开始测试。流程管理没做好，轻则浪费时间，重则会导致整个项目失败。

2. 计划线要分成虚线和实线，并严格检视

如图表所示，上面全都是虚线，因为这是一份计划书，尚未开始执行，一旦开始执行，甘特图的目标，就是要让所有虚线变成实线。

但实际上，能够百分之百让虚线变成实线的并不多，原因在于世间事总是计划赶不上变化，变化比不上老板的一句话。比如，甘特图画好了，明天客户却通知因为碰上旺季，客户的公司没空听简报，整个简报时间要延迟一个月，此时，甘特图就要重画了。或者已经整个计划都做好了，老板却来一通电话说，他改变主意了，不想从新北市做，要改从台北市做，那整个计划就要大翻盘。然而，尽管经常会碰到变化，但手中有甘特图的主管还是比没有甘特图的主管，更能够达到目标。在应用上，不仅各级主管手中都该有不同的甘特图，甚至所有员工都该有自己的甘特图。能够做好自己流程管理的，才能掌控自己的进程。

能够掌控自己做事进程的人，往往就是可以掌控自己前程的人。

每家公司最基本要有整体项目和个别项目的“年度甘特图”，之后还要有“季甘特图”，依春、夏、秋、冬四季，或依照公司订定的每三个月一次检核。依此类推，就可以陆续订出“月甘特图”“周甘特图”。至于每日计划可能就不用画甘特图，那太琐碎了，但基本的原则还是不变，就是要做好事情管理。

第10章 开创生命更多的可能

人生没有对错。还是那句话："对得起自己最重要。"但怎样做才能对得起自己呢？不论你想做哪一行，都要认真去做，不要得过且过，用混日子的态度过人生。我不知道生命有没有轮回，但人生来这一次，都是难得的，一定要好好过，不要浪费了。同时，无论你爬升到哪个职位，都要时时刻刻管理好你的生活。

如何管理你的生活

你有多久没参加同学会了？一般来说，刚毕业的前 5 年，同学会开得比较勤，那时大家都还保有学生的热情，甚至不用开同学会，平常几个朋友就会常保持联络。但通常过了五六年后，来参加同学会的人就越来越少，有的说事情忙，有的可能被调去海外了，或者女孩子嫁到外县市等。一年一年过去，毕业 10 年后还开同学会的就更不常见了。但有一种情况，毕业已经 10 多年，甚至 20 年了，忽然有同学一时兴起盛大地召开同学会。这个时候，接到邀请函的人有的感到兴奋，因为他可能功成名就，已经当上某家公司的总经理，正想在同学会里炫耀一下；有的人看到邀请函很踌躇，一方面想看看老朋友，一方面又自惭形秽，觉得自己没什么成就，非常为难。如果是你，愿意去参加这场同学会吗？也就是说，10 年后的你，20 年后的你，甚至 30 年后的你，人生发展到底是怎样的呢？

本书虽然通过我自身丰富的职场培训经验，分享给各位读者各种职场的应用技能和应有的重要态度。但这里我也要说：人生最重要的，是对得起自己。

以我来说，如今年纪已经坐五望六，我以前的同学朋友各有发展。许多人当上了公司的总经理，或者自己创业当老板成为亿万富翁，我很恭喜他们，也希望读者们都能拥有财富自由的富裕人生。另外，也有些朋友投身社会运动，为人民发声，他们没什么钱，但我也尊敬他们的理念和选择；其他的朋友，有当老师培育英才的，有当警察维持社会治安的，甚至也有生意失败，现在在做保全人员的。无论如何，职业无贵贱，只要能够用一己之力贡献社会，我都对他们的努力表达敬意。也有一些特别的情况，有的朋友看破红尘，到山中庙宇出家了；有的朋友退休后在东海岸搭盖了小木屋，过着放逐山林的生活；也有的朋友，不幸因为生病或发生意外，已经离开人世了，但他们生前，也都尽一己之力，在专业领域做出了贡献。

人生没有对错。还是那句话："对得起自己最重要。"但怎样做才能对得起自己呢？不论你想做哪一行，都要认真去做，不要得过且过，用混日子的态度过人生。我不知道生命有没有轮回，但人生来这一朝，都是难得的，一定要好好过，不要浪费了。同时，无论你爬升到哪个职位，都要时时刻刻管理好你的生活。

生活如何管理呢？说复杂很复杂，说简单也可以很简单，就是以下 4 个字母：

P （Plan）

D （Do）

C （Check & Control）

A （Amend & Action）

Plan（规划）

做任何事都该有Plan。但Plan是什么呢？许多人说Plan是计划，这其实是错的。以中文来说，Plan是规划，其包含两部分：企划和计划。我们在工作上或者在日常生活中，例如买房子或规划假日活动，一定要先有企划才有计划。

什么是企划呢？就是想法。简单的企划，例如你下班后想先带女朋友去吃晚餐然后看场电影，只要在大脑里进行就好。而职场中的企划则比较正式，我们在执行一个新的项目，或者其他非例行性公事时，要先有一个企划，你预计如何完成这件事，然后再向上司报告。比较大的项目，也一定会有企划案。例如，向业务部主管呈上A商品针对年轻人客户群销售的企划案，或者B商品东区记者会的企划案。如果你是主管，那企划案的规模就会更大。比如，你是业务经理，你呈给总经理看的就应该是A商品年度总规划案了。

企划的特点之一，就是“尚未定案”的规划，就是把你的想法，以有组织、有系统的方式呈现出来。通常一个企划案不会百分之百被认可，多多少少会有修改，当整体大方向获得主管认可，且做了各种细节修改后，才可能定案。定案落实为具体执行的项目，那时才叫作“计划案”。例如，政府推动造镇计划，或厂商推动下乡服务计划，一定都说是“某某计划”，而不会说是“某某企划”。我们在工作上以及日常生活中，也要养成先有企划，然后形成计划的好习惯，所谓Plan，一定要经过动脑仔细评估才是好的规划，好的Plan。

Do（做，执行）

现代人的通病是想得多做得少。常听朋友喊：从“明天”起要做运动，把身材瘦下来，并规划好几点起床、去哪跑步……等明天到了，又找借口说：天气太热了、下雨了、身体不舒服……明天再开始吧！结果永远都是“明天”。

一家公司里老板最讨厌的人，就是很会说但不会做的人。与其这样，老板宁愿找不会说，但会照着老板交办的事情去做的人。善于 Plan 但疏于去 Do，这通常是心态的问题。写在纸上很简单：预计拜访 10 个客户，但实际去做，连第一个客户都不敢去敲门，结果沦为纸上谈兵。而真的去执行了，这个 Do 要考虑到两个方面，也就是前面提的“效果”和“效率”。以工作计划执行来说，就是：第一，你方向对不对；第二，你方法对不对。若方向错误，那可能忙半天，却一点儿效果也没有；若方法不对，团队忙了一阵子，成果却和付出不成正比，那就是做事没效率。要把 Do 做到完美，就要搭配以下的 C。

Check（检查）和 Control（管控）

平日我们执行项目时，最好画出甘特图，除了标出各个步骤的进行流程、进度管控之外，通常甘特图会搭配察核点。

以上一章画过的甘特图为例：

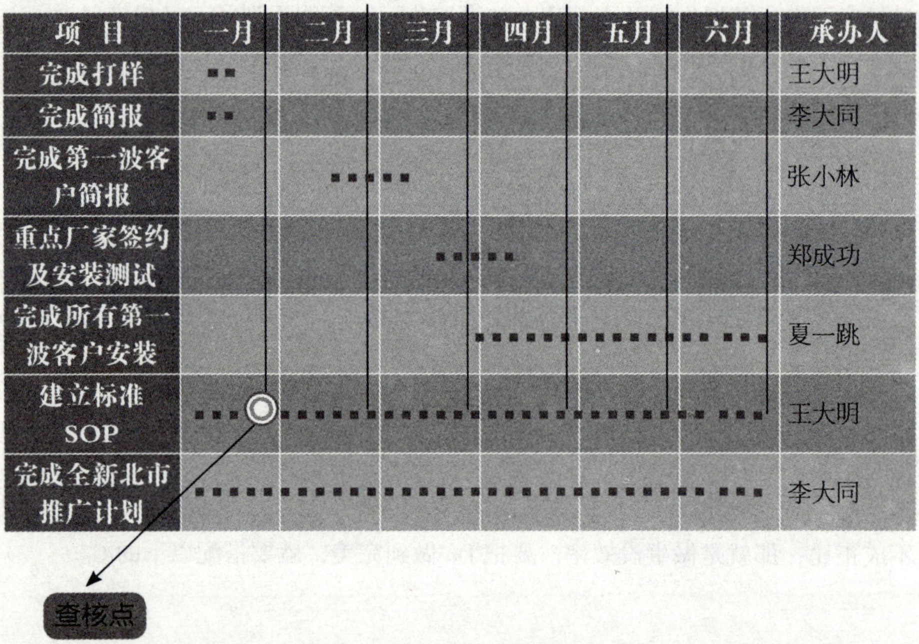

图上每条红线都代表察核线，每条红线和黑线交会的所在，就是查核点。查核点越多，可以让事情做得越精细；但若太多就又太琐碎。基本上，每个查核点要能提醒执行人“你是不是太慢了”，或者“你是不是走偏了”，及早发现，及早修正。如同欲开车到高雄，早上 10 点出发，本预计下午 4 点抵达，结果中午 12 点才到新竹，算一算时间要来不及，就可以赶快调整速度。查核线绝对不能位于预计进程的最后一天，那样的查核线没有意义，因为已经失去了“提早告知”的功能。

以上是有关计划执行的查核线以及查核点。另外有一种情况，主要是应用在事情本身难以全面掌控的状况。例如，你是财务总监，负责帮公司做资金投资。你买了一档股票，你除了要时时检查每天股市走向之外，还要会设立停损点，在股票跌跌升升时，也要处变不惊。但一旦跌破你设的停损点，就要当机立断，出清股票，少输为赢。同样的情况也适用在很多状况里。例如，业务员推广商品给客户，进行到了一个阶段，突然发现对方已经和另一方相谈甚欢，只差没正式签约了，这时就要勇敢退出战场，把资源赶快投注到其他地方；又或者公司的某个商品，从市场趋势看已经很明显不合潮流，将被其他产品取代，这时也要设一个停损点，全面停产该商品，将生产线转到较有前途的商品上。

心中时时有 Check Point（检核点）和 Control Point（管控点），事情才得以掌控，才能让整个公司运作更有效率。

Amend（修正）及 Action（再行动）

有了 Check，理所当然就要 Amend，否则 Check 就没意义。这也是我在许多公司里常看到的毛病，特别是在大企业里，经常发生这样的严重状况。比如，新商品推出，销售远不如预期，公司投资惨亏；或者正进行某个工程，后来发现出了很大的弊端。每当事情发生后，总有人会说“我早就知道了”，“我早就警告过了”诸如此类的马后炮，但也有很多人是真的提早反应了，却因为以下 3 种原因，最后来不及修正：

第一，公司反应的流程太烦琐，要一级一级呈报，其中某个环节的主管出差不在办公室，整个反应就卡在那里。在经过层层关卡报到高层后，问题早已来不及处理。这就是公司缺少实时反应机制，并且组织缺乏随机应变的能力。

第二，公司部门太多，碰到状况会互踢皮球，不想揽事上身。当有人发现状况时，向 A 部门反应，A 部门说不关他们的事；向 B 部门反应，B 部门说不归他们管辖，转来转去，事情都耽误了。

第三，发现问题了，呈报主管，但主管又不敢确认，因为兹事体大，还需再“研究研究”，这一研究就误了大事；或者发现问题，呈报上去，上头觉得没那么严重，等到发现不对劲，为时已晚。

不论是哪种情况，都牵涉到公司的组织运作，以及人员平日训练的熟练程度。一家公司，一定要能在发现问题后，实时修正；修正之后，绝对要重新Action逐步导正，让事情回归正轨。我们每一个人无论身处在哪一个行业、哪一个部门，不管事情多繁杂、规模多大，都脱离不了这4个字母的循环。

可以说，我们在职场上，只要能把PDCA循环得很顺，就能够成功。

这里再复习一下这个循环：

P就是：从企划到计划；

D就是：从效果到效率；

C就是：从查核到控制；

A就是：从改善到执行。

工作中的 6W2H

我们做任何事，都不能一味地埋头苦干，要时时停下来问自己问题。有一句话很重要：解决问题前，要先问对问题。

什么时候问问题？当碰到重要关卡时要问题。例如，你是主管，要制定年度目标；或者你是业务，到了销售新的一季，这个时间点，你一定要问自己问题，问好了再行动，才不会做无用工。但在平日也要懂得时时检讨自己，问自己问题。日常生活需要要常问自己的，甚至每天都要问自己的是：如何把事情做得更好、做得更快、产能更多、成本更省？但有关大方向的问题，要问的就是 6W2H。

这 6W2H 是有顺序的：

Why to do

为何要做这件事?

是依照公司的政策、老板的指示，还是这是例行公事？

这件事做了是对公司营运有帮助，还是对扩大市场占有率有帮助？

这个项目经过充分讨论，还是只是部门主管决定的？

在所有的问题中，这个问题最重要，因为若这问题没有答案，就不会有后续的其他环节。

What to do

我们的目标是什么？

是要生产什么商品，推广什么服务，还是进行什么计划？

要如何评估效果？要做到什么程度才算达到目标？

我们到底必须做什么事？

Who to do

谁来负责这件事？

谁主责？谁参与？整个层层通报的流程是什么？

怎么分工？怎么划分权责归属？

哪个部门执行？谁发号施令？谁可以拍板定案？

Whom to do

为谁而做（客户是谁？或目标族群是谁？）

商品要卖给谁？这是哪个客户指定要的规格？

本计划有再细分不同的分众吗？还是一切统一规格？

最后的满意度要以谁为标准？是社会大众还是某位客户？

When to do

何时做?

何时启动本项目？何时进入生产流程？

整个时间流程的规划是怎样的？

是一鼓作气全部完成，还是分阶段进行？

Where to do

在哪里做?

是在本地生产，还是委托外地生产？

是在哪个城市进行，还是全国通行？

通路是哪里？有指定合作的对象和地点吗？

当问了以上 6W 后，方得进入以下两个问题：

How much to do

我们有多少资源? 可以做多大规模?

所谓有多少钱，做多少事。用有限的军粮，打有把握的仗。

How to do

如何做?

最后才进入这个问题：如何做？

此时主管就可以分配任务，交办工作，制定时程，建立检核制度。

4 种面对问题的态度

无论在职场上，还是在生活中与朋友沟通时，当遇到不好的状况，你会如何面对？例如，你是一家公司老板或者你是政府卫生单位的负责人，当企业的产品被检验出含有对人体不好的成分，媒体都报道出来了，在第一时间，你会怎么处理？

一、说谎

这是我们一直以来常看到的情况。每当媒体报道发生食品安全风波时，公司发言人就会出来粉饰太平，辩称那是误会，是遭竞争对手陷害；或说安检标准有误；或说被验出有问题的那一批只是个案，其他的产品都没有问题。

二、沉默

如果发生的是事实，再怎么辩解也没用，只会越描越黑，干脆就选择沉默以对。无论是卫生单位来罚款，还是司法单位来调查，就静静地和法律顾问配合，把事情完成。

三、逃避

如果不想说谎，也无法沉默，那就只好“下召罪已”，下台一鞠躬。

但很多事，不是闪人了就没事了。许多时候，我们常看到，只要发生全国性的大风波，某某部长或某某局长就表示“愿意负责”，辞职谢罪，但若辞职只是把烂摊子丢给下一任，自己转调其他部门，仍可继续领高薪，那就是典型的逃避，也就是不负责任。

四、说真话

是什么就说什么，勇敢面对。

其实，我们不要以泛道德的观点看事情，而要看一件事的规模和影响力。比如说是大范围的食品安全风波，那就兹事体大，公司负责人应该第一时间认错，并公布相关的因应做法，如全面下价以及如何退费等。卫生主管单位也该公开发表其预计的做法，以及有无官员失职，该做什么惩处。

但如果事情的规模是在一家公司内部，或公司对公司间，例如，今天你代表甲公司去乙公司做简报，当商品说明报告到某一部分时，乙公司的副总提到产品规格与他们公司要求的不相符,这个时候你的应对措施是什么？若说实话，在这个案例上就是错误的。因为当你直接诚实地跟乙公司副总报告，本公司没有这个规格，那你后面就没戏唱了；当然，你也不可能装傻、装没听到，那比说实话还糟；或许，你可以支吾其词，扯开话题选择逃避，但也不是好的方案。

那到底该怎么处理呢?

以本案例来说，最佳方案其实是“说谎”。你要立刻跟乙公司副总报告说:“我们公司有你要的规格，只是今天我做简报是用这个规格，但其实你要的规格我们也有。”现场先过关后，回到公司再赶快和生产部门讨论乙公司改规格的事宜。虽然在现场说了谎，但最后客户仍会拿到他们要的规格，所以这只是善意的谎言。

在职场上会发生各种情况，没有哪个策略一定是最好的。再举例，假如你是某公司的业务主管，你在执行公司政策时发现，原来公司的奖金计算方式有问题，长久以来对员工是不公平的，但也没有严重到残害劳工权益的程度。你虽然发现问题了，但你知道公司不可能改，你也不想公然与公司作对，但继续做下去你又会良心不安，此时，你的选择可能就是“逃避”。找个理由请辞吧，以免将来出了状况，员工把矛头指向你，而公司到时候也一定会翻脸不认人，让你背黑锅，所以明哲保身之计——就是离职。在职场上要懂得变通，不要一味地死记教条，认为任何事情都有统一标准。要设定自己的道德尺度，以及判断事情的基本价值观，如此在经历过更久的职场历练后，面对不同状况的处理态度也才会更加成熟。

创业之路，艰难之路

每个人都有不同的志向，在台湾有个特点，就是大部分的人都“宁为鸡首，不为牛后”。台湾人爱当老板，就算是开个路边摊卖香肠，自己做老板也爽。这里姑且不针对“创业对不对”这件事做评论，谨提供一些信息，给想要创业的人做参考。

今天，一个人想要创业，一定要有对的动机。所谓对的动机，就是你想创业是因为你真的有个商业模式想要去经营，而不是“我和老板吵架，不干了，为了出口气，干脆自己创业”；也不是“到处找不到工作，算了，自己创业好了”。

到底你适不适合创业呢？不论你是要提供某种商品，还是某种服务，这里要请你问自己 3 个问题，问你自己可否突破 QCS 障碍。

Q – Quality　　质量

C – Cost　　成本

S – Speed　　速度

所谓“男怕入错行，女怕嫁错郎”。要出来创业，你一定要考虑这三大障碍：

第一，我的东西或我的服务，质量有比别人好吗？

第二，我的东西或我的服务，成本比别人低（或至少一样）吗？

第三，我的东西或我的服务，交货或服务速度比别人家快吗？

这三项的答案必须都是“YES”，才有机会创业成功；若三项中只有一项比别人好，那这一项必须比别人好很多，否则就很难成功了。或许有读者会问，不是说产品有创意、有特色也会成功吗？不论产品本身的创意、特殊功能还是其他的产品衍伸属性等，我都将其归类到质量这一项，因为对客户来讲，他在意的只有一件事：这个商品或服务是不是让他满意？

随着时代的进步，网络交易已非常盛行，你也可以在家开店当老板。但你会多一个障碍，那就是 D — Delivery 交货。

你的交货速度比别人快吗？（其实这问题也等于是 S 的延伸）

当然读者也注意到了，我提到的 4 个问题，都问到有没有比别人好？如果你能独占市场，也就不会有比较的问题产生了，你就可以创业了。比如，今天你要卖香肠，你在台北龙山寺附近摆摊，你就要问自己这 3 个问题。我的香肠比其他摊的好吃吗？我的香肠是特殊风味，令人吃了赞不绝口吗？接着问，我的香肠进货原料有比别人的便宜吗？还是我的肉都是去超级市场的冷冻柜买，贵得要命，根本赚不回成本，卖一根赔一根？最后还要问：我的烤香肠技术纯熟吗？会不会烤一支香肠得花十分钟，客户早就等得不耐烦跑了。如果以上 3 个问题你都过关了，或许你就可以开始创业卖香肠了。但假如今天你说，我选择在马祖的北竿岛游客中心卖香肠，保证只此一家别无分号，那你也就不需要问香肠比谁好的问题了。至于会有人去马祖那儿去买香肠吗？那又是另一个问题了。

总之，创业维艰，要有万全的准备。即便上面我问的问题你通通都过关了，那也只表示你过了可以创业的基本门槛，不代表你一定会创业成功。实际的案例结果是，在台湾创业 5 年的成功率不到 1/10，创业之路难行啊！

若你仍坚持要创业。那这里要继续和你分享创业的三大瓶颈。许多英雄好汉，在创业之路铩羽而归，都是栽在这 3 个瓶颈上。

创业三大瓶颈

目标

创业一定要有目标，就算只是卖香肠，也要有目标。

你要问自己：我要达到什么目标？每天要赚多少钱，要有多少利润才够我生活？成本又要控制在多少？员工要聘几个人才够？估算成本后，商品价格要怎么订？最后，要问自己一个最重要的问题：我创业的目标是什么？是想要创立一个年收入千万的企业，还是卖香肠可以自给自足过日子就好？就算是自给自足，也要订目标。是每月利润三万就好，还是要五万才够生活？如果五万不够，那要到七八万你才满意，那换算成香肠，你一个月要卖几根香肠才够（并且还要扣掉成本）？这些你都要想清楚了，才能创业。

策略

当你的目标想好了，接下来该怎么做，你想清楚了吗？切记想清楚才能行动，千万不要说边做边想，我看过太多朋友，筑梦而去，含泪而归，太伤感了！你的策略，也应包含应变方式。

再以烤香肠为例。假如你算算扣掉成本，每个月大概要收入 5 万才够。也就是说，假定你一个月休 5 天假，那么平均每月工作 25 天，每天要赚 2000 元。一根香肠 10 元，扣掉成本后每只净赚 2 元，就是说你一天要卖 1000 根香肠才能达到目标。这时你就可以算一算，你想要创业的场所可能每天销售出 1000 根香肠吗？（如果是马祖肯定不能。）如果无法销售出 1000 根（若一天工作 10 小时，每小时要烤 100 只香肠，这的确是不可能的任务），那是否有其他方法呢？比如，号称你的香肠有独门秘方，所以一根要卖 20 元，那一天只要卖 500 根就可达到目标；或者，与附近所有的学校都异业结盟，让学校的小朋友天天都来买你的香肠；又或者，聘请两个员工，每个员工月薪 2.2 万，虽然成本增加，但月营收利润可以达到 10 万，扣掉员工薪水你还剩 5 万多。以上所说的都是策略。这只是针对卖香肠来举例，而真正要创业的人，通常规模都要大得多，要考虑的事项也就多很多了。

资源

上面谈了目标和策略这两项，而真正影响创业能否成功的最终关键，还是在于你有没有资源。

资源分成有形的和无形的。有形的资源，如你有钱的老爸赞助你 500 万，不论你成败，都不会要你还这笔钱，那你还考虑什么，做就对了；或者，你认识某个产品的供应商，他的货只卖给你，让你独家经营，除非你每天偷懒，否则你也是稳赚的。至于无形的资源项目有很多，包括人脉。例如，你有个特殊的渠道，每次都能提供给你最潮的商品，消费者都知道要买流行找你就对了；又或者你认识记者，三天两头就帮你在报章杂志上写文章推荐；甚至你本身就是资源，因为你长得超帅、超正，光站出来就吸引一堆客人……只要你掌握上述一种以上的资源，那就可以帮你在创业上大大的加分了。

当你确定了目标和策略，并且掌握了一定的资源，就可创业了吗？答案是：还不行！创业一点都不简单，还有三种问题你要克服。所谓创业的三种问题，就如同在第 2 章曾和您分析过的解决问题的三种境界——发生、发现、发觉这“三发”，意思就是说，你对这“三发”处理的能力代表着你创业成功的概率。

1. 解决“发生”的问题

如果你只可以解决已经发生的问题，那就只是基本的创业程度。

所谓已经发生的问题，就是从以往到现在一直存在的问题。例如，从古至今，人都会肚子饿、会生病、怕下雨，所以你卖吃的、卖药、卖雨伞都有市场。但你看到的这些现象，其他人也都看得到，意即别人同样也可以卖吃的、卖药、卖雨伞，你可以创业，但不一定做得比别人好。

2. 解决“发现”的问题

如果你可以发现问题，找到市场需求，而别人却尚未发现或者发现的人比较少，那你创业的成功率就大幅提升了。比如，你发现现代女性很爱美，喜欢在指甲上做文章，你开了一家美甲店；或者你在卖衣服时发现市场有特定族群，她们身材比较胖、脚也比较大，经常买不到合适自己尺码的衣服和鞋，于是你开了一家专卖大尺码的服饰皮鞋店，那么，你就找到了你的利基点。

3. 解决“发觉”的问题

能够发现问题已经很厉害了！但若你能预见问题，并事先解决，那你就更能大幅地提升创业的成功率。好比当年有远见，预知汽车行车记录仪会流行的厂商，现在已经赚翻了；当年卖安全帽的人也是，那时还没规定骑摩托车一定要戴安全帽，直至罚款法规实施，那些当时卖安全帽的人全都一夕之间致富了。

试着让自己能进阶到可以“发觉”问题并掌握先机的程度，再以有“效率”的方式，做对的事，也把事情做对，那你就有可能成为创业之路上脱颖而出的人。

如今的社会，创业环境和几十年前已不可同日而语。如今的创业，很多都是微型创业。这也是网络普及以及新的计算机科技引进所带来的优点，让创业者可以用较少的资金，就有机会成功致富。

什么叫微形创业？第一，资本额不超过100万；第二，公司员工不超过5个。若能找出一个独创的模式，也就是前面说过的“发觉问题”，那就有可能成功。

微形创业最基本的就是要避免选择淡旺季太明显的行业。比如，创业开一家泡沫红茶店，这就是属于淡旺季明显的行业，营业风险就比较高。因为饮料的旺季在夏天，即使你的红茶再有特色，在冬天也很难有好的业绩。当然，若你有替代方案，冬天卖热汤圆、烧仙草等那也是可以的。

在这里，提供一项信息让大家参考。根据经济部的统计，2014年前三大热门的创业产业：第一名是服务业，第二名是电子商务业，第三名是买卖零售业。想要创业的朋友们可以作为参考依据。

第 11 章

无可取代的人生智慧

让你的工作“有意义、有价值”。如果不喜欢工作就放弃，那叫逃避，一个逃避的人是不会快乐的。我们该做的是改变思维、提升自己，突破“工作只为养家糊口”的低下格局，让自己重新发觉职场里的美好与乐趣。学习是人生的大事，所谓“活到老，学到老”。人生最大的乐趣之一，就是永远有新的境界。

如何丰富职业生涯

有句话说：“钱生不带来，死不带去”。终究，我们人这一生不论是活到80岁还是活到100岁，都得从职场退休，终得接受年老以及谢幕的事实。而不论我们曾经赚过几千万甚至几亿，在离开时，终究一毛钱都带不走。那么，我们为何还要在职场上打拼奋斗呢？为何还要学这些职场技能呢？答案是：

职场奋斗的目的，是为了追求理想、为了实现自我。

至于金钱、权位，只是附加而来的果实。

的确，钱生不带来，死不带去。而在人生路上实现梦想的那种快乐，以及因你的贡献所带来的长远影响，绝对远大于户头里的存款金额，以及所有有形的资产。

赚钱不是我们进入职场的唯一目的，甚至也不是主要目的，读者诸君一定要有这样的认知。如果你在职场上赚了很多钱，但生活得很不快乐，那你就是舍本逐末，错把金钱当作了人生的唯一价值。

现在，请各位自省本身是否有以下状况：

* 是否每天早上起来，想到要上班就全身没劲，很想打电话请个假?

* 是否一边向客户介绍产品，一边心里暗想：“才怪！我们的产品才没那么好。”

* 是否每到中午，你就频频看表，心想：“天啊！离下班还那么久？”

* 是否每天总是开心不起来，一直要到放假，才可以见到你的笑颜?

如果是这样，那你根本不喜欢你的工作！你将人生耗费在痛苦上，那么即便你赚再多钱，这样的人生也没有意义。于是有人会问：“如果大家都不喜欢工作，是不是大家都可以选择不用工作？”那么没钱过日子，难道要人人都申请救济金吗?

其实，我要强调的重点，不是放弃工作，而是要让你的工作“有意义、有价值”。如果我们不喜欢工作就放弃，那叫作逃避，一个逃避的人，终身是不会快乐的。我们该做的是改变思维、提升自己，突破“工作只为养家糊口”的低下格局，让自己重新发觉职场里的种种美好与乐趣。简言之，就是我们要丰富我们的人生，每天充满朝气地投入工作，迎接新一天的种种美好。

丰富职业生涯最重要的一件事就是学习

本书已经进入到最末一章，不是整本书都在带领我们学习吗？为何到最后一章仍在学习呢？因为学习是人生在世的终极大事。所谓“活到老，学到老”，人生最大的乐趣之一，就是永远有学不完的新境界。这就好像你去游乐场玩，第一次去觉得很好玩，第二次去觉得也很不错，但第三次去可能就觉得无新意了。如果这个游乐场，每一次去都有新的体验、新的花样，让你百玩不厌，那么这样的游乐场才是最棒的游乐场。职场也是这样，每天重复一样的工作，年复一年就是同样的流程，那么职场人当然会腻、会厌烦。但如果职场是一间永远不会结业的学院，总是有新的知识带给你新的成长乐趣，那你就再也不会每天早上起床后不想上班了。

也许有读者会说：“我们公司从来不开设课程的，也不鼓励员工进修，甚至也没有内部培训，根本就没有学习。”其实，所谓的学习，不一定是要去上课。事实上，人生这堂课绝对比课堂上的课有趣得多，端看你用不用心。其实你每天和同事、客户互动，就是一种学习。

学习谈判中的零和与整合

以我的经验来看，职场最有趣的就是谈判了。往往当回忆过往时，那些处理任务的种种细节都忘记了，却还记得每一回合和不同对象谈判的情形。那代表的不只是一种沟通、一种交流学习，也是一种人生成长。当你想卖东西给某客户，某客户拒绝了，你会怎么做？低着头打道回府吗？那就叫作逃避。总是逃避的人，难怪觉得工作很痛苦！当你想推进一个新政策，被主管否决了，同事也不看好，你会怎么做？就耸耸肩放弃自己的想法吗？那样叫作退缩。总是退缩的人难怪每天一上班，就看表等下班。

生活中一定会遇到拒绝、否定、挫折、不一致、不支持、不看好……难道你的所有对应策略都是沮丧的后退吗？不！你一定要懂得用高级的沟通法，也就是“谈判”来再造新局。我们常常听到在各种场合有各式各样的谈判，市面上这类的书籍也非常多，但以最简单的方式来说：

谈判只有两种类型：一种是零和，一种是整合。

◆生活案例分享

在人际沟通学界很有名的梅大师，特别选在深山峻岭上开一堂“谈判课”。之所以选在山上，一方面要考验学生学习的真诚，一方面在过程中老师要设关卡让学生通过考验方能上山。

有一天，有两位学徒上山想拜师，他们相偕而行。走了许多路，来到山上的阶梯边，忽然看到路边树上有一颗大大的橙子。

学徒A说：“这是我先看到的，那我就不客气啦！”说完就要动手去摘。

学徒B当然很不服气，说：“我大老远就看到这颗橙子了，这颗是我的。”

两人各不相让，眼看要撕破脸了，顿时他们想到，我们不是要上山学谈判的吗？莫非这颗橙子是梅大师给我们的考验？？于是他们立刻谈和，两人以“公平对分”的方式分橙子，也就是一人各吃一半。

他们以为他们很聪明，通过考验了，但后来拜见梅大师，才知道，他们做的是错误的示范。为什么呢？原来学徒A一拿起橙子，就把橙子皮剥除丢掉，他只吃果肉；相反地，学徒B不爱吃果肉，他要的是橙子的皮，剪成碎片泡茶喝，清凉止渴，把橙子皮含在嘴中有陈皮的香气，是他最爱的了。所以，最佳的谈判方式，应该是先“抓住对方的需求”，再来“分析各自的利弊”，那么最佳结论当然是：学徒A

把橙子皮通通剥下给学徒B，一人有完整的果肉吃，一人有整片的橙子皮可用，皆大欢喜。而他们的做法却是一人一半，双方都有委屈。

上山拜师学艺后，他们终于了解到，当初他们选择的谈判方式是零和式谈判，就是“不是你就是我”，反正总有一方要吃亏，甚至双方都吃亏。

三个月后，两个学徒学成一起下山，在经过山梯时又看到了一颗橙子，只是这回的橙子虽然看来很饱满但皮很薄。学徒们知道这又是梅大师用来测试他们谈判能力的。

此时，学徒A把橙子捡起来，告诉学徒B说：“我们在山上一起和梅大师学了3个月，情同手足，知我者父母之外就是你了。你也知道，我每天习惯爱吃一颗橙子，但我也不让你吃亏，那么这样吧！这颗橙子让给我，昨天你欠我的香蕉就不用还给我了。”这就是一种整合式谈判。

整合式谈判有各种形式，这两个学徒的例子中，可以谈判交换的东西融入了“时间”因素。他们可以拿过去的事来交换现在的东西，也可以以现在的实物来交换未来的好处。不论哪一种，都比传统式的“你一半我一半”要好得多。

从以上例子可以看出，谈判不只要有“立场”，也要看需求。立场每个人都有，以前面橙子的案例来说，原本的立场是A和B都想要自己独得橙子，若光以立场来沟通，那所有的沟通都不会成功，因为这世界上很少有谈判是“立场一致”的。如果想创造双赢，就要创造“谈判筹码”。

什么是“谈判筹码”呢？你的信息越多，谈判筹码就越多。

再以前面橙子的例子来说，双方的信息都太少，不知道对方真正的需求。所谓信息，不只包括针对眼前情况的信息（原来你喜欢吃皮，不像我一样喜欢吃果肉），也包括针对对方的其他需求以及背景状况的信息。例如，原来对方在什么领域，碰到什么困难需要解决，我刚好可以帮上忙，那就可以用那件事做交换。或者，对方很缺资金，这笔谈判非成不可，他有时间压力，那么我的谈判筹码也变多。这些都来自于信息。简言之，你要橙子，我也要，但橙子只有一个，所以必须谈判。那不要橙子换成番石榴好不好？不好。那换成苹果呢？也不行。那香蕉总可以了吧！再不然就是柠檬，总会找到双赢的方式，这也是谈判的乐趣。

人生是一场又一场的谈判

说起来，我们从小到大都在谈判。小时候和同学玩，某个新来的小朋友被排挤了，这小朋友为了加入大家，主动拿一盒糖果分给大家吃，于是大伙就接纳他了，他也“谈判成功”了。随着每个人渐渐长大，谈判的机会也在增多，从学生时代到日常生活买卖东西，一直到进入职场的种种工作挑战，人无时无刻不在谈判。几乎可以说，人与人之间的相处，只要嘴巴一张开，就准备沟通与谈判了。

但我们在谈判时往往会碰到三大瓶颈：

第一，是误解：我讲 A，对方听到 B。

第二，是怀疑：我讲 A，对方也知道是 A，但对我的 A 不信任。

第三，是缺陷：我讲 A，但对方拿出 B，因为他觉得 A 不好。

如果要进行一次成功的谈判，就要化解这三大问题。最忌讳的沟通就是一面倒，不断主张自己的想法，想要强压对方同意。这种沟通起始就让人反感，后续的谈判也不会顺利。

讲到沟通，不只人和人之间要沟通，人和物之间有时候也要沟通。例如，我们看书，其实就是一种读者和作者之间的一沟通。武侠小说界有个笑话：

有天，东方不败打开葵花宝典，开头就看到：

欲练神功，必先自宫。

于是东方不败狠下心，把自己下面咔嚓了。他练着练着，把书翻到最后却出现这样的句子：

不用自宫，也能练功。

这就是沟通不良所闹的笑话。

对人生应有的整体看法

每个人终究都会走完他的青春岁月，进入年老退休时光，也都会以回首的角度来看待职场。也许你现在还是个毛头小伙子，也许你现在是个活力正旺的年轻人，那你希望几十年后怎么回头看自己呢？当年的雄心壮志还在吗？当走过体力的高峰，你又该如何自处？如何继续成就人生？

基本上，回首看人生，会发现人生有 4 种类型：

	对的工作	错的工作
对的人	成长	惆怅
错的人	辛劳	荒唐

一份对的工作遇见对的人，是一种成长

这是最完美的情形了。一个人找到了自己的志向，全力地投入工作，或许他是个大企业家，赚大钱回馈社会；或者他是个医师，是个老师，是个消防队

员，是个小型农场主人……他们乐在工作，让社会更美好。这样的人生是一种成长人生，随着工作的发展，天天学习，天天幸福快乐。

一份对的工作遇见错的人，是一种辛劳

天生我材必有用，每个人一定有一个专长。在乌托邦式的小说中，有一种超然的机制，可以依据人的专长分配职务。但在现实社会里，这种情形很难发生。许多人找不到理想的工作，为了生计不得不屈就一份可以糊口的职业，但这会发生一个问题，就是那个工作毕竟不是你的专长，做出来的成绩往往不尽人意。一方面让服务的效果打折；一方面以机会成本来看，你可能错失了地球上某个让你发光发热的工作。不论对工作者还是受服务者，都是一种辛劳。做不专长的事，辛苦一生。

一份错的工作遇见对的人，是一种惆怅

这是很普遍的情况，这种情况的人数可能比前面各种情况的人都多。这些人可能有其他专长，但因命运的安排，让他们学非所用。这种情况与前面说的“对的工作遇见错的人”有所不同，这些人虽然在自己不喜欢的岗位上工作上，却仍做得很好，因为他们是对的人。

他们仍辛勤工作，让社会正常运转。他们可能是各行各业的基层员工，维修电线、卖小吃便当，或者在银行门口向你鞠躬哈腰。他们正正当当地做事，无愧于心，但做的却不是自己爱做的工作，也许他们本来可以成为文学家、科学家，或者一个社会学者，但他们投入了一份错的工作，心中终有着遗憾。

一份错的工作遇见错的人，是一种荒唐

这就可笑了，明明不喜欢自己的工作，却又欺上瞒下地打混过一生。很多人连自己想要的是什么都不知道，也不了解自己目前的工作性质。例如，有些考公务员的，可能只是因为父母让他去考，考上后就制式地工作；还有，那些当上学者的，可能有些就只是一路念书，因为在社会上找不到工作，就继续在学术界混，至于教什么课，写什么文章，自己都搞不清楚。一世下来糊糊涂涂，这就荒唐可悲了。

如果你还处于年轻时期或中壮年时期，那你想要在六七十岁回首时，希望自己过的是哪一种人生？

也许，你现在可能正是“对的工作遇见错的人”，或“错的工作遇见错的人”，但其实都不要担心，一切都是心态问题。一个本来糊涂的人，若能开始用心，认真看待自己的工作，再用本书教过的方法，每天多一点儿创新，运用“好、新、快、多、省”五字诀，好好地重新规划人生，那么想要有个无怨无悔的人生，永远都不嫌晚。

如何过好退休人生

终于，你退休了！终于，回首人生，你是那个“对的事情遇见对的人”。那么接下来你的人生又该如何走下去呢？在医疗技术发达的现代，一个人可以活到八九十岁，但可能你六十几岁就退休了，往后还有至少二三十年的岁月呢！

此时你要以自己为轴心（如下图），做出 4 个象限的发展。

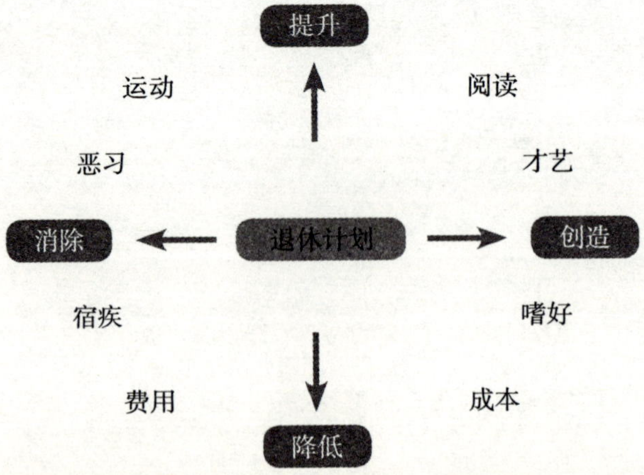

哪些要降低

首先，如图所示，你的退休计划要列出“如何降低一览表”。

降低什么呢？例如：烟少抽点、酒少喝点，毕竟身体不同以往了，不要再用这些烟酒残害身体；再者，交际应酬数目也要降低，一方面为了身体，一方面退休后可能收入大减，开销也要少一些。

哪些要提升

和亲人之间的关系要提升。你以前不常陪家人，现在可以专心带老婆去散心，去各处走走。也可以在合适的范围内，提升自己的运动量，例如多多散步。另外，活到老，学到老，以前因为工作，没有很多时间看书，现在就可以多阅读了。

哪些要消除

都已经活到这把年纪了，急躁的个性要消除，高血压了可不好；脾气不好，喜欢骂人，这习惯也要消除，毕竟你现在已经不是公司的主管了，不要再把别人总当成下属看待；在财务方面，是否要把大房子换成小房子，多拥有一些自备资金……这些都是需要考虑的。

哪些要创造

例如，以前工作时没时间学萨克斯风，现在退休有时间了，可以投人学习了；还可以学太极拳、学上网、学园艺等。人生还有很多时光，去开创一个新的学习领域吧！

以上所列的都只是范例，每个人的情况不同，要列出属于自己的表格。

另外，还有一张表也很重要，那就是人生的“轻重缓急”表。其实，我们在职业生涯的每个阶段都要重视时间管理，只不过退休后，你的表单所列的内容就全部是“自己的事”，而相对来说，以前的时间管理，主要是“工作的事”。

所谓轻重缓急，如下表所示：

重要不紧迫 重 生老病死	重要又紧迫 急 食衣住行
不重要不紧迫 缓 悲欢离合	不重要但紧迫 轻 平安喜乐

可以依每个人的情况，列出对自己最适用的表单。

●重

在四大类的事项中，最重要的就是“重”，这是一些一定要做的事。例如，装修房子，这件事一定要做，但却又不是三两天可以做完的，就列入行程表里一一进行。

●急

一件事有一定重要度，而且很急迫，要优先处理。例如，要赶快处理保险的事、劳退的事等。

●缓

一件事既不重要又不紧急，可以慢慢来，但不是说不做（若不做的事根本连列都不用列）。例如，你想学围棋，这是你的愿望，但也不用因此有很大压力，慢慢来就好。

●轻

所谓急事要轻轻做，越慌张越不成事。生活中，可能有很多像这类要说重要也不重要，但又有时间性的事情，你只能耐着性子好好完成。

常听人家说“轻、重、缓、急”，正确的顺序应该是“急、重、轻、缓”。

请在做退休计划时好好思量。此外，在本书最后，对于退休计划，我要提出 7 种“放下”，与读者分享：

1. 要放下烦恼——人生都已经走过几十个年头，何苦还放不开呢？

2. 要放下自卑——相信自己的人生道路吧！不要再和谁比较了，比不完的。

3. 要放下懒惰——不要再找借口了！以前上班说忙，很多事往后延，现在要延到什么时候？延到躺在病床时吗？

4. 要放下消极——以前上班时常常悲观混日子，但好歹现在混完了，馒头数完了，积极点吧！

5. 要放下抱怨——以前爱抱怨、牢骚多，够了！现在自己过日子，对自己负责，不要再抱怨了。

6. 要放下犹豫——以前很多事不容易决定，现在退休有很多时间可沉淀，要明确人生的方向。

7. 要放下狭隘自私——都已经走到人生的这段历程，你想要后人如何评价你？做个开朗包容的人吧，这样才能获得尊敬。

总结

常听顶尖的企业家讲一句话：没有执行力，哪有竞争力。我还记得，多年前市场上有两本畅销的商业书籍，在那个年代有许多企业内训都提到过这两本书：一本是《由 A 到 A+》，一本是《执行力》。我当时去上课，也被指定以这两本书为参考教材。几年下来，最被看重的一本还是《执行力》。

成为职场不败之人

感谢读者和我一起分享了这场职场生涯之旅。

希望本书可以帮助你们成为职场不败之人。本书可作为日常工作时的参考，也许在不同的时间或状况下拿出来翻阅，会有不同的见解和想法。

本书最后，要总结几个要点与大家互勉。

有一句老话：在职场里没有不可能，只有无能。

在职场上，什么都有可能。

第二句话：你的心中，不要一直抱着零。

零代表什么都没有，但零转个弯，就变成了无限。

0 became ∞

轻轻转个弯，就可发展无限的潜力、无限的潜能。

以下列出职场不败的十大特质：

一、正直与诚信

很多人分不清正直与诚信，到底是正直比较重要，还是诚信比较重要？

很多人认为是诚信比较重要，那你就犯了一般人常犯的错。

举个例子：

今天我来到A公司上班，是采购部门蔡经理面试我进来的。他在面试时说："以后我就是你的直属上司。"我也许下承诺："将来我领公司薪水，但对蔡经理负责，我一定会做到忠诚。"

有一天蔡经理和客户讲电话，我一听对话，就知道对方是某个下游厂商的王老板，他们工厂靠我们公司的订单营运得还不错。

我在旁边听到蔡经理和对方说："哎呀！王老板，我们好久不见，好'酒'不见……"只听蔡经理把"久"加重音量并重复两遍。第二天就看到王老板，提着好几瓶顶级的XO来见蔡经理。

没过几天，又听到蔡经理和王老板讲电话。这回王老板抱怨，说之前不是送了酒吗？但后续却没有下文了。

只听我们蔡经理又说："王老板你也知道，我很忙，所以你经常打电话来找不到我。下次请记得提前来看我，请记得提'钱'来看我。"他故意把"提前"加重音量讲两次，果然第二天王老板真的又来看我的上司，手上还提了一个礼盒。我在旁边偷瞄到，原来礼盒里放着一个厚厚的红包。

请问读者，当你看到这情景，会是以下哪种反应？

1. 装作不知道。（逃避）

2. 我跟蔡经理说："老板啊，这种事不能做，被知道要杀头的。"

3. 我跟蔡经理说：“老板，那红包见者有份，若不分我，我就揭发你。”

你要选哪种？

回归到本题，你要选诚信，还是选正直？

或者说你是要选择对蔡经理诚信，还是对职务正直？

很多职场人搞不清状况，诚信是说到做到！正直是我不仅说到做到，还要看这件事对不对。这就是明辨是非与愚忠的差别。

二、要有冒险的意愿

许多员工为何不愿冒险，因为犯了三不：

不知——我不知道，我干吗去冒险？按照标准程序做就好。

不会——我不会，干吗去冒险？

不敢——也就是缺乏自信。

如果人生一直照这三不政策走，保证你老来后悔，一生无作为。

三、要有赚钱的能力

我一个最尊敬的职场前辈张忠谋说得好！他对员工的要求，不是要他们 Make money，而是要他们 Make profit。可是大家奇怪，赚钱不是 Make money 吗？其实 Make profit 和 Make money 是不一样的。后者叫营业额，前者才是利润。张忠谋重视的是利润，因为有利润才能付薪水、给奖金、发股票，所以帮公司赚钱很重要。如果赚一百元，成本却要一百零一元，或者账面上赚一千亿，实际成本却要一千一百亿，你说你要看营业额还是看利润呢？或许有人说：“我们不是业务部成员，我们是总务部，这个部门本来就是帮公司花钱的，如何赚钱？”这样的思维就错了，如同张忠谋也曾说：“Make profit 除了赚利润外，还有第二层意义，那就是开源节流。”所以，即便你是总务部的，你是人事部的，你虽不能开源，但还是可以节流啊！你帮公司省费用，也是能让公司利润变高的。

四、要有创新的能力

我认识一个企业家朋友，他办公桌上的座右铭摆着 6 个字，我觉得这 6 个字值得大家学习，在这里和大家分享一下：

速：工作能不能更快。

廉：能不能更便宜。

乐：能不能让工作变得更快乐。

正：能不能做得更正确、不要犯错。

美：能不能更注重上班服装仪容、更整洁、做事情更完美。

全：能不能在解决问题时更周全，让大家都满意。（或者做事更安全）

这 6 个字，速、廉、乐、正、美、全，也代表着创新的能力。

五、要有实现的能力

常听顶尖的企业家讲一句话：没有执行力，哪有竞争力。我还记得，多年前市场上有两本畅销的商业书籍，在那个年代有许多企业内训都提到过这两本书：一本是《由 A 到 A+》，一本是《执行力》。我当时去上课，也被指定以这两本书为参考教材。几年下来，最被看重的一本还是《执行力》。因为《由 A 到 A+》这本书讲的是方向，但方向再好，没被执行也没用，有好的企划没去做，也只是春梦一场。有句口号：“有梦相随”，但光有梦想是不够的，对企业来讲，能执行、能赚钱才是最重要的。

六、要有良好的判断力

在工作当中，我们一定会碰到很多状况，所以要懂得判断，要懂得做决策。不做决策比做错决策更糟糕，因为你不做就没了。做决策代表还有成功的机会，也许只有1/10；但不做决策，连这1/10都没有了。其实在判断事情时，要考虑的因素很多，而其中最需要考虑的是以下三点：

浪费——这样做会不会浪费？或者，虽然目标可以达到，但会不会增加很多成本？

不均——先考虑没有浪费，再来考虑会不会分配不均。

不合——会不会不合适？

凡事没有对不对，没有好不好，只有合不合适。有些事表面上是对的，理论也是好的，但就是对我们公司不合适。就好像我们把人家的成功模式复制过来，我们认为是对的、是好的，但结果在我们公司完全水土不服，那就是没抓住合不合适这个大原则。

七、要能授权与负责

以我个人的经验来看，一个主管为什么不敢授权给下属或同事？主要是他们心理有两大障碍：

第一，怕夺权。

担心如果下属做得很好，老板看到就说这工作以后你不要做了。你希望你在授权下属时，你叫他往哪就往哪。这种想法很自私，你不授权让他错失学习机会，也影响公司成长。应该这样想：如果他学会了，还可以帮你分担，以后你就不用自己做得那么辛苦。

第二，怕负责。

万一授权给别人，别人做不好，被骂的还是你。我想这种情况也许难免，但那也表示你没把员工教好，被骂是应该的。如果因为这样，你就不敢授权，那就会变成无能的主管。

八、要有求才与留才的能力

常常听到一句话："求才难，留才更难。"所以很多公司找员工，不是通过报纸或网络，而是把讯息开放给员工："你如果有适合这个职位的朋友，欢迎推荐。如果公司最后任用了这个人，公司也会给你抽成，感谢你的推荐。"这种方式往往比刊登招聘广告有效。为什么呢？第一，这样比较有隐私性，竞争对手不知道你正在找人；第二，如果员工做推荐，那表示他真的认识这个人，如果对方太差，相信员工也不会推荐，否则推荐来也只是白跑一趟浪费双方的时间。通过这种机制，表示已经有人帮你过滤一次了，可以做到八成以上把握。所以我们不要认为，求才只是人事部门的事，每个员工都可以为求才尽一份心。

关于人才的聘用，其实在每家公司都是学问。对每个员工来说，换工作往往也是人生重大考验。

◆真实案例分享

我在职训中心上课时，看到一个头发苍白、年纪不小的资深职场人，姑且称他老余吧！我和他熟悉后，问他为何会沦落至此？他和我分享了他的惨痛故事：

原本老余在一家公司上班，服务了二十几年，再忍个一两年就可以享有优渥的退休金。公司对他也不错，提供车子给他，也给他停车位。

有一次老余上班将车停好，从停车场要去搭电梯时，同一个工业区的另一家公司的人资部门处长主动跑来找老余，对他说：“我想知道你的薪水是多少？”

老余说：“你是我们的竞争对手，我干吗让你知道我的薪水？”

那位处长就跟老余说：“如果你愿意到我们公司来服务，不论你拿出来的薪资单上的金额是多少，我都负责帮你后面加个零。”

每个人心中都有一个价码，即便快退休的老余，原本的条件够优渥了，但听到这个条件，他的心也动摇了。多个零耶！那是多大的财富啊！于是他毅然决然地请辞，老板再怎么挽留，老余还是一心想走，把公司曾经对他的恩情都丢掉了，一心只想拿高薪。

结果下场是，他到这家新公司，工作不到半个月就被炒鱿鱼了。不但退休金没着落，还落得个很惨的名声。

所以，找人才难；好的人才也要有自知之明，不要轻易浪费自己的职业发展。

公司选才的五步骤：

选：征选好的员工；

训：进来后给他好的新兵训练；

育：给他完整的教育训练；

用：把他摆在对的位置；

留：把人才留住，通常这是最困难的。

通常提到人力资源的五步骤，会讲："选、训、育、留、用"，但正确的顺序应该是："选、训、育、用、留"。

九、要有智慧、远见与洞察力

我个人认为在职场上，作为一个好员工，应该要有智慧，帮公司解决"发生型"的问题，应该要有远见，帮公司看到"发现型"的问题，应该要有洞察力，帮公司预见"发觉型"的问题。其实，就是培养帮公司解决问题的能力。

十、要有活力

我最敬佩的企业家张忠谋先生曾说，他最佩服的一家公司是SONY。为何佩服SONY？因为他佩服SONY创办人盛田昭夫。盛田昭夫曾经要求他们的人力资源部门，只要公司招聘新员工，只要他有时间，他都希望亲自面试。而他对每个新员工的基本要求，不是能对公司效忠，而是希望他们都能吃、能喝、能拉、身体好、有活力。他在乎的是每个员工有活力，员工有活力，公司的未来才有希望。在盛田昭夫眼中，看到的是阳光。

我最后也以此和读者共勉：

希望大家在职场上永远保持活力，要正面思考，不要负面思考。

大家加油！

感谢众多朋友对本书的推荐

梅老师是在逆境中，也要设法使自己闪耀发光的最佳例子。

曾子珊——

美国南加州大学博士

泓笙数字股份有限公司执行长

山酮生技医药股份有限公司总经理

职场上的知己知彼求生、求胜术是对于自己应具备的条件、态度、能力及主管与公司对部属和员工的要求，期待能够透彻了解，进而努力精进以达目标。

张邦麟——财政部关务署基隆关法务缉案组简任稽核

这本书让你在职场价值超越 4G，心态位阶如同宽带提升，做事效率如同速率飙升，人际关系超越以往，职业发展更加顺遂。

郑微芯——中广新闻网“中小企业通”节目主持人

人生就是竞技场，随时都会有挑战，跟着成功者的脚步，胜利大有可为。

吴佰鸿——台北市企业经营管理顾问职场工会理事长

目标明确事竟成，坚定信念力无穷。

韦大裕——职场电脑有限公司总经理

工作与生活定目标，是为了改变未来。

武丰恩——中国人寿行销襄理

梅老师的实战智慧心法，帮你打通职场的任督二脉。

陈其华——谋略大创股份有限公司首席顾问

做到书中这些事，让您成为人生胜利者。

樊友文——中华华人讲师联盟

全力以赴就是最好的准备。

张方骏——造雨人企管顾问公司

时间留下的不是财富，不是美丽，而是真诚，真心真意。

陈苇儒——成胜创意文化执行长

您觉得美满富足的人生，从学会“上班”与“下班”开始，如何？

朱明——社团法人台湾健康生产力管理学会秘书长

在充满挑战的职场里，你要知道的求生技巧，在此书都可以找到答案。

陈亦纯——台大保险经纪人公司董事长

如果成功是“进步成长改变”，“止于至善”，“登峰造极”，那么“自我激励”就是成功最大的原动力。

余新造——大卫300组训团队学习长

理解人性，创造价值。

林家泰——卓越华人训练团队策略总监

职场上有起落，但能力与态度却要与时俱进，唯有如此，才能在职场上立于不败之地，并可以在工作与生活上取得平衡，也只有在两者平衡之下，人生才更有意义。

陈建志——应宏通信总经理

永远做更好的自己！

王人国——百大名师学院创办人

年纪与职场竞争力往往成反比！

桂世平——劳动部劳动力发展署创业顾问

工作与生活相结合，才能达到人生的目标。

萧新永——海基会台商财经法律顾问、远通国际管理顾问公司总经理

一切都有可能！态度凌驾一切！

许崧庭——创意营销培训师

态度对了，方法有了，事情才能做对做好。

孙易新——心智图法权威专家

从发生、发现到发掘，有人用一辈子的时间来探索，而阅读本书的你，可以找到一个关键点成为当下的力量。

王文足——商允企业管理顾问（上海）有限公司

这是一本存着感恩之情的书，无论处在如何黑暗诡谲的职域，我们都不能失去本心，梅老师在本书中做了最好的典范。

沈宝仁——华人讲师联盟

职场之旅需要精确导航，人生之旅需要良师为伴。

常振国——卓越华人训练团队创新总监

梅老师用爱与对生命的觉知,分享了职场与生命课题中深刻的体认与智慧。

傅秉坤——昱成国际股份有限公司创办人及总经理

这是我至今最肯定的一本职场管理宝典。

陈春月——世界华商经贸联谊会名誉总会长

成功就是绝不绝不能放弃！

周之明——经祐企管顾问有限公司总经理

人生最大的风险就是不冒险。

杨应超——巴克莱银行董事总经理